高等院校建筑产业现代化系列规划教材

BIM 技术应用实务——建筑施工图设计

主　编　罗志华　李　刚

副主编　杨远丰　王　婷　张江波

参　编　(排名不分先后,以姓氏拼音为序)

高志峰　黄新方　林　涛　罗　琳

饶嘉谊　苏华迪　肖莉萍　谢嘉良

熊黎黎　许志坚　姚素媛　张纬生

植高维

机械工业出版社

本书主要从建筑设计的角度出发，对 BIM 技术的基本概念、技术操作到 BIM 与项目结合的实践应用进行了系统的阐述。

　　本书依据信息实践技术的学习规律，分为 2 篇。第 1 篇为技术基础，主要介绍 BIM 技术概念、施工图设计流程和涉及的 BIM 技术，BIM 典型技术工具 Revit 的基础和中高级命令；第 2 篇为高层综合楼应用案例，以某高层综合楼设计为蓝本，介绍 BIM 施工图设计的前期准备工作（包括团队组建），从基础轴网开始，对各层裙房和标准层规范化建模，再到最后各工程图出图设置进行系统讲述，完整反映项目 BIM 施工图制作的各个技术环节。

　　本书主要作为应用型本科院校和高等职业院校的建筑类相关专业教材，也可作为企事业单位、科研机构 BIM 技术培训教材，并可供从事与 BIM 相关工作的专业人员学习参考。

图书在版编目（CIP）数据

BIM 技术应用实务：建筑施工图设计/罗志华，李刚主编. —北京：机械工业出版社，2018.12

高等院校建筑产业现代化系列规划教材

ISBN 978-7-111-61667-2

Ⅰ.①B… Ⅱ.①罗… ②李… Ⅲ.①建筑设计-计算机辅助设计-应用软件-高等学校-教材 Ⅳ.①TU201.4

中国版本图书馆 CIP 数据核字（2018）第 302882 号

机械工业出版社（北京市百万庄大街 22 号　邮政编码 100037）
策划编辑：张荣荣　责任编辑：张荣荣　李宣敏
责任校对：杜雨霏　封面设计：马精明
责任印制：李　昂
北京机工印刷厂印刷
2019 年 4 月第 1 版第 1 次印刷
184mm×260mm · 18.75 印张 · 460 千字
标准书号：ISBN 978-7-111-61667-2
定价：48.00 元

本书编委会

主　　编：罗志华（广州大学）

李　　刚（香港互联立方有限公司）

副 主 编：杨远丰（广州优比建筑咨询有限公司）

王　　婷（南昌航空大学）

张江波（汉宁天际工程咨询有限公司）

参编成员（排名不分先后，以姓氏拼音为序）：

高志峰（广州大学）

黄新方（广州大学）

林　　涛（香港互联立方有限公司）

罗　　琳（广州比特城建筑工程咨询有限公司）

饶嘉谊（广东省建筑设计研究院）

苏华迪（广州大学）

肖莉萍（南昌航空大学）

谢嘉良（汉宁天际工程咨询有限公司）

熊黎黎（南昌航空大学）

许志坚（广东省建筑设计研究院）

姚素媛（汉宁天际工程咨询有限公司）

张纬生（香港互联立方有限公司）

植高维（广州比特城建筑工程咨询有限公司）

序　言

美国、英国、德国的研究资料表明，在全球信息技术大发展期间，许多行业利用信息技术的发展成果促进了本行业的进步。而建筑业却没有能够与时俱进，依然采用传统的信息管理方法来建设越来越大的项目，因而显得力不从心，建筑业的劳动生产率大大落后于非农业生产的其他行业，落后于总体经济的发展步伐。在美国更有多个不同的研究指出，建筑工程中至少有30%的资金浪费在低效、错误和延误上。造成这些现象的原因是多方面的，其中一个重要原因，就是在建设工程项目中没有建立起科学的、能够支持建设工程全生命周期的建筑信息管理环境。

建筑信息模型（Building Information Modeling，简称 BIM）就是针对以上情况出现的一项新兴的建筑信息技术体系。应用 BIM 技术，可以将建筑工程从设计、建造到运维全生命周期中所有相关信息整合在一起，建立数字化的信息模型，并不断完善这个模型。这样，建筑工程中的每一道工序，都可事先在模型中进行模拟、试验，确认没有问题后再到真实的建筑物上实现这一道工序，从而避免了建筑工程中的各种错误、返工和延误，大大提高了建筑工程质量和劳动生产率，并缩短了工期、降低了返工率和工程成本。

近年来，我国成功应用 BIM 技术的案例日渐增多，特别是一些具有影响力的大型项目，例如上海中心、"天眼"（500m 直径球面射电天文望远镜）、广州东塔等应用 BIM 技术取得的成绩为其他项目做出了示范。BIM 技术的应用和推广得到了我国政府的重视，BIM 技术也正在被国内越来越多的建筑企业所采用。在"十三五"期间，BIM 技术应用更呈现大推广、大发展的局面。

随着 BIM 技术应用的深入，它在提高建筑业的工程质量和劳动生产率、缩短工期、降低返工率和工程成本等方面显示了巨大的威力，BIM 技术将引领建筑业向数字化、集成化、智能化方向变革。照此发展下去，建筑业的传统架构将被一种适应 BIM 应用的新架构所取代，BIM 已经成为主导建筑业进行大变革、提升建筑业生产力的强大推动力。我国建筑业应当抓住这一机遇，通过 BIM 的推广和应用把建筑业的发展推向一个新的高度。

当前的情况是，一方面 BIM 技术的应用方兴未艾，另一方面 BIM 技术人才储备严重不足，影响着该技术的进一步推进。"BIM 技术应用实务"系列教材，顺应了当前建筑信息技术的发展潮流，为培养掌握 BIM 技术进行建筑设计的人才，做了很好的工作。该系列教材引导读者通过学习，掌握应用 BIM 技术进行方案设计和施工图设计的系统方法。系列教材深入浅出，注重以实例为导引进行设计方法的讲解，适应未来实际工作的需求，很适合建筑相关专业使用。

该系列教材的编著者分别来自高校、BIM 咨询机构和建筑行业部门。主编罗志华来自广州大学，是国家一级注册建筑师、注册城市规划师，在研究生阶段就主攻建筑数字技术的研究和应用探索，至今已有 17 年，他对从建筑师的角度阐述 BIM 的应用有其独到的观点和体会；主编李刚是香港互联立方有限公司总裁，毕业于香港理工大学建筑测量系，自 2002 年起致力于应用 BIM 技术于项目管理的"三控两管一协调"上，至今已经把 BIM 技术应用于亚太地区 500 多个项目上，在 BIM 业界具有良好的技术声誉。系列教材的副主编和参编成员共三十多人分别来自十几个单位，都是近年来活跃在 BIM 应用技术一线的专家和资深从业人员。他们经验丰富，在宣传、推广和应用 BIM 技术方面做了大量卓有成效的工作。书中的内容都是他们与生产实践相结合，推动 BIM 本土化的经验总结。这种多元化结构的编写团队十分有利于吸收不同领域的专业人士从不同的视角对 BIM 的认识，有利于提高系列教材的编写质量。相信读者通过对该系列教材的学习，可以较好地掌握 BIM 的相关知识，并将这些知识应用到建筑实践中去。

期望"BIM 技术应用实务"系列教材能够在推广 BIM 技术中做出自己应有的贡献。

全国高等学校建筑学学科建筑数字技术教学工作委员会原主任

前言
FOREWORD

信息化是建筑行业发展的重要技术变革方向，近年来越来越复杂的设计和建造难度，迫切需要行业有足够的技术能力来应对和解决。以 BIM 为核心的建筑信息化技术体系，已经成为建筑行业技术升级、生产方式和管理模式变革的重要技术支撑。近年来，国家及各省的 BIM 标准及相关政策相继推出，明确了 BIM 技术的行业发展目标和方向，也为该技术在国内的快速发展奠定了良好的环境基础。

建筑设计作为建筑的龙头专业，随着注册建筑师责任制度的不断推进，其作为建筑项目整体统筹角色的重要性正不断加强；相对地，BIM 技术在建筑设计行业的应用尚处起步阶段，我国在这方面的技术研发和应用探索相对滞后，人才培养和储备严重不足正影响着该技术的进一步推进。基于上述的行业现状，编者尝试组织行业专家学者和一线技术人员，围绕 BIM 在建筑行业的应用开展主题探索，并总结技术相关应用经验，形成规范化的教学和技术支持文档。

本教材的编写参考了国内外 BIM 相关教程和技术研究资料，结合国内行业特点，形成了如下特色：

（1）重视 BIM 底层技术概念和应用架构的解读和剖析，使读者能举一反三，系统了解该技术的应用全貌。

（2）把庞杂的工具技术梳理成最常用和最简洁的技术应用读本，使读者能在短时间内，系统把握 BIM 工程实践的必要工具技术，并具备项目实操能力。

（3）技术案例精心挑选，力图全真反映 BIM 的实际项目应用过程，并具有一定的技术启发性。

本教材的整体内容和编写思路如下：

第 1 篇：技术基础。介绍 BIM 技术概念、施工图设计流程和涉及的 BIM 技术，BIM 典型技术工具 Revit 的基础和中高级命令。

第 2 篇：Revit 施工图设计实例——高层综合楼。以某高层综合楼设计为蓝本，介绍 BIM 施工图设计的前期准备工作（包括团队组建），从基础轴网开始，对各层裙房和标准层规范化建模，再到最后各工程图出图设置，完整反映项目 BIM 施工图制作的各个技术环节。

通过上述的两篇，能从基础知识、应用理论到技术实践全方位地反映 BIM 在施工图设计阶段的应用全貌。

本教材定位为应用型本科院校和高等职业院校专业教材，也可作为企事业单位 BIM 技术培训教材，并可供从事与 BIM 相关工作的专业人员学习参考。本教材的内容定位为 BIM 中高级教程，其内容主要反映 BIM 在施工图设计阶段的学习应用。如需了解学习 BIM 方案设计阶段应用技术，可考虑学习同系列的《BIM 技术应用实务——建筑方案设计》。

　　本教材有幸邀请了行业专家学者和一线资深从业人员参与编写，他们分属高校、科研机构、BIM 咨询和设计施工单位，能从不同专业角度表达在建筑设计阶段 BIM 的应用心得，具体各章节的编写和统筹分工如下：罗志华、黄新方、苏华迪、罗琳、植高维和高志峰参与了第 1 篇第 1 章（1.1 和 1.2 小节）、第 2 篇各节的编写；李刚、张纬生和林涛参与了第 1 篇第 1 章（1.1 小节）和第 4、10 和 11 章的编写；杨远丰、许志坚和饶嘉谊参与第 1 篇第 1 章（1.3 小节）和第 8、9 章的编写；王婷、肖莉萍、熊黎黎参与了第 1 篇第 2、3 章的编写；张江波、谢嘉良和姚素媛参与了第 1 篇第 5~7 章的编写。

　　本教材由罗志华、李刚担任主编，杨远丰、王婷和张江波担任副主编，由罗志华统稿，李刚、杨远丰、王婷和张江波等通力合作、紧密配合。

　　衷心感谢全国高等学校建筑学学科建筑数字技术教学工作委员会原主任李建成先生为本教材作序，并对本教材细致审阅和提出宝贵建议。感谢香港互联立方有限公司（IsBIM）、广东省建筑设计研究院、广东华南建筑设计院有限公司广州二分公司、上海悉云信息科技有限公司和广州比特城建筑工程咨询有限公司提供的案例素材资料，这些资料使本书的内容更加生动和更具实际可操作性。

　　正是各方的热心支持和不懈努力，使本教材能顺利完稿付梓。

　　在编写本教材的过程中参考了大量的相关文献，在此谨向这些文献的作者表示衷心的感谢。限于编者的学识和能力，书中不足和错漏之处在所难免，衷心希望广大读者批评指正和提出宝贵建议，联系邮箱：LZH111@126.com。

编　者

目录
CONTENTS

第1篇 技 术 基 础

第1章 BIM 施工图设计概论

1.1 建筑信息模型（BIM）技术概念和特点

1.1.1 BIM 的定义及理解

1. BIM 的定义

建筑信息模型（BIM）是指在建设工程及设施全生命周期内，对其物理和功能特性进行数字化表达，并依此设计、施工、运营的过程和结果的总称。在实际行业应用中，根据《建筑信息模型应用统一标准》（GB/T 51212—2016）的条文解释提及，"BIM"可以指代"Building Information Model""Building Information Modeling""Building Information Management"三个相互独立又彼此关联的概念。

Building Information Model，是建设工程（如建筑、桥梁、道路）及其设施的物理和功能特性的数字化表达，可以作为该工程项目相关信息的共享知识资源，为项目全生命期内的各种决策提供可靠的信息支持。

Building Information Modeling，是创建和利用工程项目数据在其全生命周期内进行设计、施工和运营的业务过程，允许所有项目相关方通过不同技术平台之间的数据互用在同一时间利用相同的信息。

Building Information Management，是使用模型内的信息支持工程项目全生命期信息共享的业务流程的组织和控制，其效益包括集中和可视化沟通、更早进行多方案比较、可持续性分析、高效设计、多专业集成、施工现场控制、竣工资料记录等。

2. BIM 的各方解读

BIM，比较常见的全称是 Building Information Modeling，但在实际行业实践中，通过《建筑信息模型应用统一标准》的条文解释可见，"Building Information Model""Building Information Management"也是比较通用的全称，其主要差别是使用的角度。

BIM 翻译为"建筑信息模型"是中文字面的直译，可以将 BIM 拆成三个字母分别来理解 BIM 更丰富的含义。以下是行业中的一些常见观点和解读：

"B"对应英文是"Building"，不应该仅理解为狭义的"常规民用建筑"，而应该把其技术概念外延至整个建设领域，包括城市规划、交通工程、环境工程、节能工程、地下空间工程、历史建筑保护工程、景观工程、水务工程、农业工程、给水排水工程、建筑智能化工程、风景园林工程、道路桥梁与渡河工程等。从这一点来讲，不仅是建筑方面的人员会用到 BIM 技术，设备、材料和园林等工程领域的人员也都会与 BIM 技术发生不同层面的关系。

"I"对应英文是"Information"，这里应该包含两层意思，一是信息，也就是建设领域中所包含的各种信息，分为几何信息和非几何信息；二是信息化，也就是建设领域的方方面面采用信息化的方法和手段。

"信息"好理解，比如说梁参数、项目进度和项目说明之类，都是建设领域的信息；"信息化"，也就是利用计算机、人工智能、互联网和机器人等信息化技术及手段，动态可持续的使用和构建信息，来实现建设领域的信息化及智能化。

"M"可以理解为"Model""Modeling"或"Management"。现在国内不少从业人员对这个词仅简单地从字面上理解为"模型"，这是不全面的。"Model"这个词是"模型"，它是一个名词，一个结果；而"Modeling"是一个动名词，所表现的是一个动态过程，而不是一个结果；"Management"更强调 BIM 技术的管理特点。

1.1.2　BIM 的特点和常见应用

BIM 在建设领域全生命周期各阶段的常见应用如下（图 1-1）：

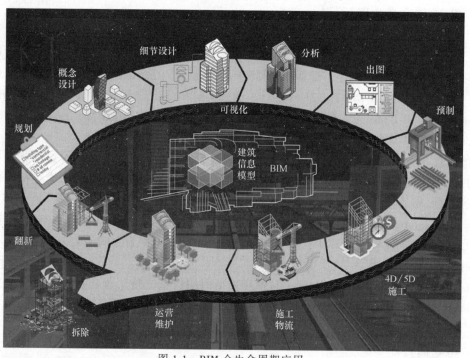

图 1-1　BIM 全生命周期应用

项目概念阶段：项目选址模拟分析、概念设计和量化分析、可视化展示。

勘察测绘阶段：地形测绘与可视化模拟、地质参数化分析与方案设计。

项目设计阶段：参数化设计、日照能耗分析、交通线规划、管线优化、结构分析、风向分析、环境分析。

招标投标阶段：造价分析、绿色节能、方案展示、漫游模拟。

施工建设阶段：施工模拟、方案优化、施工安全、进度控制、实时反馈、工程自动化、供应链管理、场地布局规划、建筑垃圾处理。

项目运营阶段：智能建筑设施、大数据分析、物流管理、智慧城市、云平台存储。

项目维护阶段：3D 点云、维修检测、清理修整、火灾逃生模拟。

项目更新阶段：方案优化、结构分析、成品展示。

项目拆除阶段：爆破模拟、废弃物处理、环境绿化、废弃运输处理。

BIM 的技术应用特点包括：

（1）可视化。"所见即所得"，通过三维模型展示外观和室内空间，拥有不同层级的细节。项目在设计、建造、运营等整个建设过程可视化，可以方便地进行更好的沟通、讨论与决策。可视化内容包括设计可视化、施工可视化（施工组织可视化/复杂构造节点可视化）、设备可操作性可视化和机电管线碰撞检查可视化等。

（2）模拟性。模拟既包括真实世界存在的建筑物模型和相关建设操作过程，也包括模拟在真实世界中非可视化的建筑性能内容。包括建筑性能分析仿真、施工仿真（施工方案模拟优化/工程量自动计算/消除现场施工过程干扰或施工工艺冲突）、施工进度模拟、消防紧急疏散模拟和运维仿真（设备的运行监控/能源运行管理/建筑空间管理）等（图 1-2）。

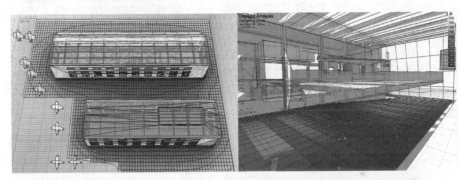

室内热辐射分析　　　　　　　　　　　　场地热辐射分析

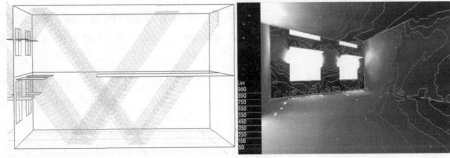

室内光线分析　　　　　　　　　　　　室内照度分析

图 1-2　BIM 建筑性能分析

（3）协调性。在建筑业中，项目各方的协调问题无处不在，BIM 可在建筑物建造前期对各专业的碰撞问题进行协调，生成协调数据，减少后期的变更问题，降低成本。BIM 的协调基本可以分为空间构件协调和流程协调两类。空间构件协调就是优化各专业项目构件之间出现的不协调问题，如管道构件之间的碰撞，与结构的冲突，预留的洞口没留或尺寸不对等情况；而流程协调则是使用 BIM 协调项目工作流程，解决施工过程的工序和不同团队配合问题。

（4）优化性。使用 BIM 各种优化工具，结合设计技术对项目进行优化处理，包括项目的几何模型、块材数量、空间、物理等方面。

（5）可出图性。利用 BIM 可以出各种图纸（图 1-3），包括常规建筑、结构和设备图纸以及辅助性的设计图纸（综合管线图、综合结构留洞图、放大局部轴测图、碰撞检查侦错报告和建议改进方案等）。

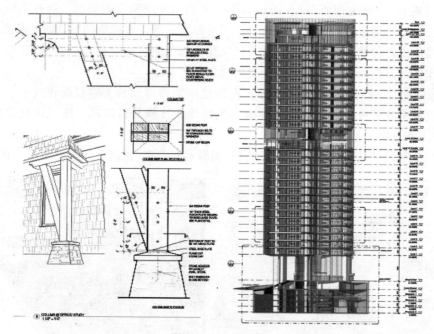

图 1-3　Revit 出图

（6）一体化性。基于 BIM 技术可进行从设计、施工再到运营，整个贯穿工程项目全生命周期的一体化管理。BIM 的技术核心是由计算机三维模型所形成的相关信息数据库，不仅包含建筑的设计信息，而且可以容纳从设计到建成使用，甚至是使用周期终结的全过程信息。

（7）参数化性。参数化建模指的是通过参数而不是软件工具建立和分析模型，简单地改变模型中的参数值就能建立和分析新的模型；BIM 中图元是以构件的形式出现，这些构件之间的不同，是通过参数的调整反映出来的，参数保存了图元作为数字化建筑构件的所有信息。

（8）信息完备性。信息完备性体现在 BIM 技术可对工程对象进行 3D 几何信息和拓扑关系的描述以及完整的工程信息描述。

1.2　BIM 建筑施工图设计流程和内容

1.2.1　Revit 建筑施工图设计工作内容

1. 技术细节设计

在一般工作流程中，获取建筑施工图 Revit 模型的方式有两种，一种是承接初步设计人员建好的模型，另一种则是基于 CAD 图纸进行翻模。无论是哪种方式，出施工图之前都需要对 Revit 设计模型进行细化。

细化的内容包括模型构件的完善、材料的定义以及构造细节的推敲。模型构件的完善是指对模型缺少绘制的部分或者是细节不够的各类构件进行添加与修改；材料的定义是指如实赋予模型构件材料信息，如外墙和装饰层材质的定义；构造细节的推敲是指对各类构件的构造细节进行优化设计。由于在 Revit 中三维模型和二维视图能同步更新，所以原则上不存在二维和三维模型无法对应的问题，但是由于二维视图是投影生成，与国内建筑制图要求有一定差距，所以模型构建完毕后，仍需要从出图的角度对二维视图进行规范性校对。

项目是在建筑、结构和设备等专业的协同工作中进行，需与其他专业进行技术协调。这个过程应该在团队工作规则的约定下进行，从而使各专业的修改均有条理的开展。

2. 建筑施工图出图内容

Revit 建筑施工图内容一般包括：封面、图纸目录、设计说明、工程做法表、门窗表、总平面图、各层平面图、屋顶平面图、各立面图、剖面图、楼梯详图（平面图、剖面图）、卫生间详图、墙身详图、其他详图、节能设计等。

1.2.2　Revit 建筑施工图设计操作流程要点

1. 团队架构

该操作流程是基于一个完整的 BIM 团队（建筑、结构、设备）展开，需要确定整体团队管理方案，约定各类专业人员的职责和权限，这样才能有效协调各专业碰到的各种工程技术和 BIM 工具技术问题，落实建筑施工图设计的各项任务。

充分考虑 BIM 技术逻辑和国内项目管理的特点，对于一个完整的团队，可以分为三个层级进行管理，第一层级为项目负责人，主要负责对外联系和技术沟通，对内统筹施工图设计进度，协调各专业遇到的问题；第二层级为各专业负责人，主要负责统筹并参与项目组内的具体工作，并与项目负责人和其他专业负责人对接；第三层级为成员组，规模大小取决于项目规模，负责项目各项建模和细节设计工作。建筑专业负责人在 BIM 团队中应起到龙头的作用，这是由本身专业特点决定的，一些规模不大的项目甚至项目负责人和建筑专业负责人是同一人（图 1-4）。

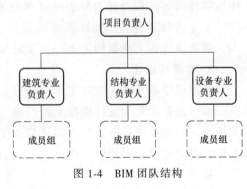

图 1-4　BIM 团队结构

2. 工作准备

为了提高团队的工作效率以及统一标准，在正式进行建筑施工图设计之前需要确定建模标准、样板文件、协同工作模式以及分工方案等。

（1）建模标准。确定建模基本规则，如墙的绘制方式，梁板柱的交接关系等，保证建模的统一性和方便后期管理；确定参数命名规则，如把宽 1400mm×高 2100mm 的玻璃门命名为 "BLM 14-21"，让模型的可读性更强，提高工作效率。

（2）样板文件。在 Revit 中有项目样板和视图样板，其对建模环境的控制，视图显示和图纸的规范性表达等方面均有重要的影响，这方面的经验是不断完善积累的。项目样板是新建 Revit 文件的基础，其影响的是 Revit 的工作环境；视图样板是针对具体视图，包括线型、线宽和详细程度等样式的设置。根据出图标准可以对平面图、立面图、剖面图和详图等图纸分开设置视图样板，以供各种出图使用（图1-5）。

（3）协同工作模式。Revit 协同方式有两种，分别是链接文件协同和工作集协同。在 BIM 团队进入实际项目流程之前，就应该确定专业内容以及不同专业之间应采用的协同方式。

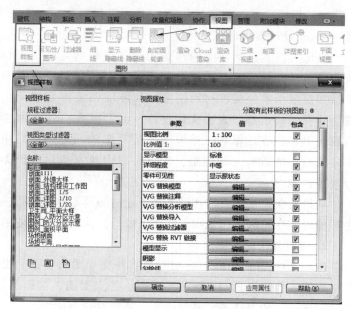

图 1-5　视图样板示例

（4）分工方案。如前所述，整体团队架构建议按项目负责人、专业负责人和成员组组员三个层级划分，明晰各部分人员的权责。建筑专业的 BIM 工作人员一般分为两类，其一是负责项目样板文件、建模标准的设定，各构件族的制作以及协同环境搭建（一般可考虑1~2人）；另一类是负责具体的项目建模和构件拼接工作（可考虑2~3人），以上的人数建议是仅在一般条件下，具体可根据单位参与人员以及项目的规模进度进行设定。后者根据需要还可分工为内部构件建模（如墙、楼板和楼梯等）以及建筑外表皮（如外墙装饰层）和屋顶建模。

上述的分工是基于 BIM 工作的划分，工程技术部分的人员也应该按上述的工作框架融入，避免凌驾在上述架构之上，甚至轻易改变架构，这对稳定开展 BIM 项目工作十分不利。

3. 建模和细化

当完成技术交底并做好工作准备后，建筑施工图设计就开始进入具体建模和细化设计阶段。如果是在原有的设计模型上进行施工图设计，那么设计人员就需要检查模型是否符合相关标准，做好技术转换工作；如果是基于二维图纸重新翻模，那么施工图设计人员在此基础上按约定的建模规则开展工作。

4. 优化协调

优化协调是基于项目需求进行的。在 BIM 工作流程中，既有工程技术问题，也有 BIM 技术问题，因此团队工作规则的约定显得至关重要。目前在国内 BIM 项目制作中，普遍对团队架构设计和职责的落实不重视，这是致命的错误。BIM 项目讲究建模规则和协同，众多的协调工作，缺乏团队管理规则和架构是无法有效解决上述问题的。因此，要在明晰的工作规则之下，开展各项优化工作，做好过程记录。

5. 校对和出图

校对好各种工程技术问题和模型问题，设置视图样板，包括线型、线宽和填充图案等出图样式，在施工图图纸栏目中，把图纸目录、设计说明、总平面图、平面图、立面图、剖面图、门窗表和详图等图纸规范化排列出图。

1.3　Autodesk Revit 施工图设计主要技术

Autodesk Revit 软件经过多年发展，在建筑专业的建模及施工图设计方面已相当成熟，加上一些本地化二次开发的工具软件配合，效率得到较大提升，在设计行业中的应用也越来越普遍。

为了对 Revit 绘制施工图有一个概括性的了解，本节先总体介绍 Revit 与施工图相关的一些技术特点，然后再分别介绍具体的要点。

1.3.1　Revit 在施工图设计方面的技术特点

Revit 本质上是一个 BIM 建模与设计软件，功能非常强大，应用方向也很多，具体在施工图设计方面，它与传统的 CAD 二维施工图绘制方式相比，具有以下特点：

1）Revit 文档是一个整体的数据库，一个 Revit 文件可以包含模型、平立剖面图及大样视图、图纸、明细表、渲染图等内容，如图 1-6 所示。所有这些不同的表现形式，都从数据库中提取，并且互相关联，这与传统二维 CAD 以"图纸"为单位的松散文档结构有巨大的区别，同时也是 Revit 设计质量与效率提升的底层基础。

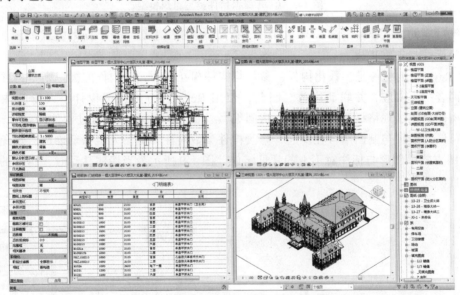

图 1-6　Revit 文档是一个整体的数据库

2）Revit 通过严谨的构件类型来组织模型，没有类似 AutoCAD 中的"图层"概念。在视图中的构件显示、隐藏、表现形式等，均通过构件类型来进行统一的设置（图 1-7），在此基础上还可以针对部分或个别构件进行单独的设置。

3）Revit 软件的主体是三维构件，而施工图的最终呈现是二维图形，因此需将三维构件转化为二维图面表达。这个转化需按照制图标准或约定俗成的表达方式进行简化、转换，不同的图别、不同的比例有不同的深度表达。对于不同的构件类型，实现方式是不一样的：对于墙、楼板、屋顶、楼梯等在 Revit 中称为"系统族"的构件，其二维表达由 Revit 自动完成，用户可通过设置项进行有限的调整；对于门窗、梁、柱、家具、洁具等在 Revit 中称为"可载入族"的构件，其二维表达是在"族"里面进行自定义，再载入项目文件中使用。这

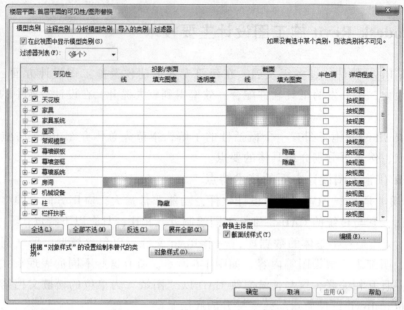

图 1-7 Revit 根据构件类型组织模型

种二三维对应的方式非常严谨，与 CAD 里相对自主的表达是完全不同的方式。图 1-8 所示为一个门族的二三维集成。

4）Revit 中的构件是参数化构件，参数与构件相互联动，而构件的标记则是构件信息的提取，两者一一对应，并联动修改。因此，使用 Revit 进行施工图设计，大量的注释类图元，如构件材质、规格标注、门窗号、房间编号及面积标注等，均通过构件的标记来表达，这样就可以将设计与制图结合在一起，修改构件参数时注释类图元也自动修改，避免了传统 CAD 绘图方式中图形与标注对不上的常见错误。图 1-9 所示为当墙体移动时，房间的面积标注数值自动变化的过程。

图 1-8 兼顾二三维表达的参数化构件

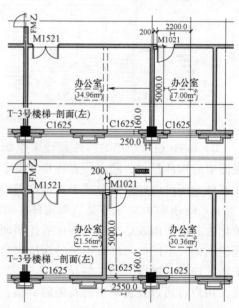

图 1-9 注释与对象属性的关联示意图

5）Revit 的图面表达设置非常复杂，受到多个层次的设置影响，除了构件类型外，与视图的专业规程、视觉样式、详细程度、过滤器设置等均有关联，图 1-10 所示为同一视图在不同视觉样式下的表现，这种复杂性造成用户在使用 Revit 的初始阶段往往会有强烈的不适应感。因此，在 Revit 模板里的需对视图样板进行周详、细致的设置，使用户可以快速得到较好的图面效果，减轻视图设置方面的工作量，这样才能提高效率。

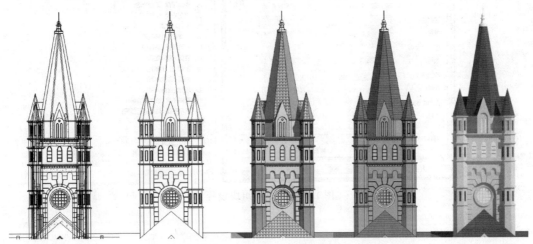

图 1-10　同一视图的不同表现

1.3.2　Revit 建筑施工图样板设置要点

Revit 样板是新建 Revit 文件的基础。Revit 自带有各个专业的基本样板文件，但未能满足本地化的要求，需结合本公司的建模及制图标准进行完善，因此 Revit 样板是公司 BIM 标准的重要组成部分。样板设置不但影响设计成果的标准化表达，而且对设计的效率与图面表达的质量也有极大影响，因此一般来说，应在公司层面制作各专业的基本样板文件，并且持续积累完善。

Revit 样板的设置是一个非常细致的过程，虽然一些二次开发厂商（如鸿业 BIM Space、天正 Revit、橄榄山等）也会提供制作好的通用样板，但也需要结合公司标准与习惯进行修改，才能形成公司样板。

Revit 样板的设置需考虑以下技术要点：

（1）视图类型与浏览器组织。浏览器组织决定了 Revit 视图及图纸列表的排列方式。其要点有两个：一是层级与分类，既要分类明晰，又要避免层级太多查找不便；二是排序，建议按标高降序排序，这样在列表中的排列就与实际楼层的上下关系相对应，与人的思维直觉一致。如图 1-11 所示，其中"工作平面"等是视图的族类型名称，可以根据需要复制、重命名。

（2）文字、尺寸、轴号、图名、图框、剖切符号、线型、线宽、填充样式、材质等基本设置。这些注释性图元及常用符号，应结合公司制图标准进行设置。这些设置比较分散，如文字、尺寸是在其系统族里设置；轴号、图名、图框、剖切符号等是系统族结合嵌套的可载入族进行设置；线型、线宽、填充样式等是在 Revit 的【管理】→【其他设置】里进行设置。需注意的是，Revit 的图元设置可能无法做到完全符合以往的习惯，这就需要在可接受的范围内对标准进行适当调整。

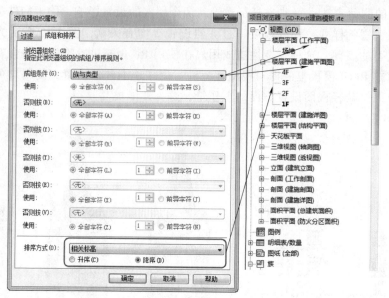

图 1-11　浏览器组织设置

【提示】

Revit 自带的填充样式中没有 AutoCAD 里常用的"钢筋混凝土"填充样式，需从 AutoCAD 中导入。Revit 自带的材质也没有"钢筋混凝土"的材质，可通过同类材质复制修改添加。

（3）对象样式、视图样板、过滤器设置。对象样式是对各种对象（及其子对象）的线宽、线颜色、线型、材质的全面设置；视图样板是对各种视图设置的组合；过滤器是一个或多个过滤条件的组合，可以借此进行对象的分类。

这三者是与图面表达关系最密切的设置，其优先级是递增的，也就是说对象样式的设置决定了整个项目各种对象的默认显示；视图及视图样板中的设置可以覆盖掉对象样式中的设置；视图及视图样板里面还可以添加过滤器进行分类设置，过滤器的设置又可以覆盖视图里的设置。图 1-12 所示为这三者的优先级关系，这三者直接影响图面表达与出图质量，需进行细致的设置，详见第 4 章内容。

1.3.3　Revit 建模基本规则

应用 Revit 进行设计及施工图表达，有一些建模方面的基本原则。这些原则是经过很多实践总结出来的，有些并非唯一处理办法，但也是推荐性做法。如果形成习惯，将大大提升 BIM 设计的效率、效果，以及 BIM 模型后续应用的价值。

表 1-1 列出了建筑专业常见的构件类型及其 Revit 基本建模规则。

这里较重要的一个规则是关于墙体外饰面的做法。由于 Revit 对于复合构造层的墙体显示无法仅显示核心层宽度，为了图面表达，同时也为了更灵活地控制墙体外饰面的显隐开关，建议将墙体的核心层与外饰面层分开用两道墙体来建模，如图 1-13 所示，这样还可以解决结构柱及剪力墙的外饰面层的问题，也是国内目前较为通行的做法。

对于楼板来说也是这样，建议将结构楼板与楼板附属层（常被称为"建筑楼板"）分开建模，这在与结构专业协同设计时更加合理。

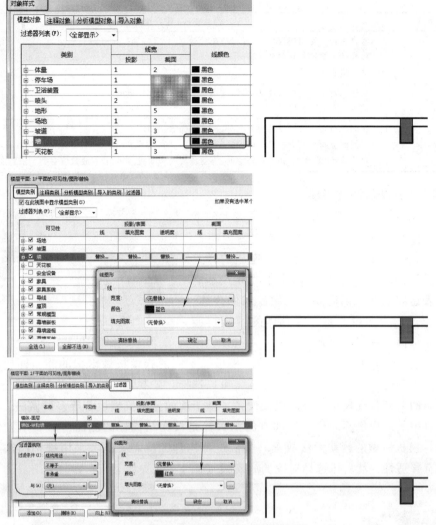

图 1-12　视图设置的优先级示意图

表 1-1　建筑专业常见的构件类型及其 Revit 基本建模规则

构 件 类 别	Revit 建模规则
墙	墙体应区分结构墙、填充墙,一般通过墙体类型区分,同时以墙体的"结构"参数中是否勾选来区分。当结构专业与建筑专业分属不同模型文件时,结构墙应属于结构专业模型,填充墙应属于建筑专业模型 墙不应直接贯穿结构柱或剪力墙,可在结构构件处断开,或将墙体与结构构件进行扣减连接 墙体的核心构造层与附属构造层宜分开建立模型表达。内墙的附属构造层一般可忽略;外墙的附属构造层(外饰层)应建模
柱	应分楼层建模
楼板	楼板应区分为建筑楼板(建筑填充层及面层)与结构楼板(结构层)。当结构专业与建筑专业分属不同模型文件时,结构楼板应属于结构专业模型,建筑楼板应属于建筑专业模型 宜通过复合材质表达多种构造层次叠合的建筑楼板 楼板如有坡度,应按实际坡度建模。结构找坡宜直接设置楼板坡度;建筑找坡宜采用编辑子图元的方式,以保持板底水平

（续）

构 件 类 别	Revit 建模规则
楼梯	楼梯平台可使用楼板代替,梯梁应单独建立 楼梯的外饰铺装宜单独建模 楼梯应有编号属性
坡道	坡道的建模方式相对灵活,可以使用楼板或坡道构件建模 坡道应有编号属性
房间或空间	房间或空间应根据设计要求划分放置,并命名、编号 房间或空间高度应按设计值设置 对于露台、阳台、天井等户外空间,不宜放置的房间或空间,若需放置应对类型进行注释

1.3.4　Revit 族制作注意事项

族是 Revit 的基本元素，Revit 自带了庞大的本地化族库，但在具体项目中，仍然常常需要自己做族或进行族的修改，比如 Revit 自带窗族的样式不能满足设计需求、Revit 自带标注族的样式不能满足图面表达需求等，都需要自己做族或修改族。在族的制作过程中，除了要掌握具体的做族技能外，也需要掌握一些基本原则。

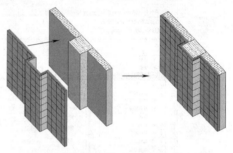

图 1-13　饰面层与核心层分开建模

（1）选择合适的做法，以及合适的族模板。不同的族模板做出来的族，即使看上去是一样的，其表现也不一样。比如消火栓族，可以选择：公制常规模型、基于面的公制常规模型、基于墙的公制常规模型、公制机械设备、基于前的公制机械设备等多种做法，做法不一样，在项目中的表现也不一样。比如有的消火栓是放在结构柱的侧面，那么用"基于墙的常规模型"模板所做的族就无法放置。类似这种构件，就需要思考采用哪种做法才能更合理、更具有普适性，然后再选择对应的族模板（图 1-14）。

图 1-14　族模板选择

（2）合理确定参变量。虽然 Revit 的构件都是参数化构件，但并不是说每个族、每个尺寸都需要做成参变的，需结合实际需求和使用的便利性来考虑。有的尺寸是基本固定、影响甚微的，比如窗框的深度，那就可以把尺寸锁定为固定值，不参变。有的族比较难通过参数控制尺寸、形状，如图 1-15 所示的异形窗，那就做成固定族也无妨，需要改变尺寸时直接编辑族就可以了。

（3）注意参数命名。参数命名建议尽量采用中文名，以方便识别其代表的意思。应避免类似"aa"这种随意的命名方式。

（4）合理确定不同详细程度下的可见性。族里面的图元均可设置可见性，包括不同视图类型的可见性、不同详细程度的可见性。如果一个族需要在不同的详细程度下有不同的表现，就需要分别设置其可见性，如图 1-16 所示，是一个门把手的可见性设置，仅在"精细"详细程度的立剖面视图中才显示。

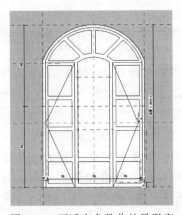

图 1-15　不适宜参数化的异形窗

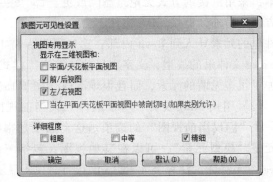

图 1-16　族图元可见性设置

（5）注意平面、立剖面的二维表达。如前所述，Revit 的构件二维表达需要根据专业表达习惯，在族里面专门设置。这些二维线条与三维模型之间往往共同受某些尺寸的约束，比如门族里面的表达门开启的平面弧线，其半径显然与门宽度是相关联的。

立面上的二维表达很容易被忽略。如图 1-15 所示的窗族，立面上就有两道折线，表达窗的可开启扇。

1.3.5　Revit 与 AutoCAD 结合的技术要点

使用 Revit 进行建筑设计，与 AutoCAD 的交互是必不可少的。如将 .dwg 文件作为 Revit 的底图进行建模；将 .dwg 格式的大样图导入 Revit 进行后续加工；将 Revit 文件导出 .dwg 文件供其他专业参照等。在这些过程中，Revit 与 AutoCAD 之间的交互也有一些需要注意的地方，总结如下：

（1）引用 .dwg 文件，宜先对 .dwg 文件进行前处理。由于 .dwg 文件的绘制习惯与 Revit 大不相同，因此在引用 .dwg 文件时，最好先进行以下步骤的前处理：

1）限定应用范围，删除无关图元：这样可以加快 Revit 引用 .dwg 的速度，同时避免出现 .dwg 范围过大时弹出的多种警告（图 1-17），甚至导致 Revit 无法使用"原点对原点"来对位。

2）使用 purge 命令清理图形文件：同样是对 .dwg 文件的轻量化，加快速度。

3）图形对位：主要是针对平面图等与坐标相关的图形，为了避免在 Revit 中手动对位导致误差，尽量在 AutoCAD 中先将图形的位置对好，然后通过"原点对原点"的方式引用文件，这样既精确又快捷。

4）天正转 T3：对于天正 5.0 以上版本绘制的 .dwg 图，导入 Revit 时无法识别天正自定义的对象（如墙体、门窗等），因此需在天正软件中导出为 T3 版本的 .dwg，这样才能完整地导入到 Revit 中。

（2）引用 .dwg 作为底图，宜采用链接的方式。如果引用 .dwg 作为建模的底图，那就不要采用"导入"的方式。这是由于底图用完即可删除，也有可能需要更新图纸版本，采用链接的方式无论是删除或更新都更方便。另外，链接 .dwg 文件不会将 .dwg

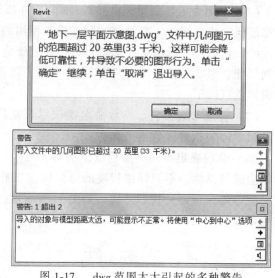

图 1-17　.dwg 范围太大引起的多种警告

文件里的元素导入到 Revit 内部，这样可以保持 Revit 文件的"干净"；导入 .dwg 文件则会将 .dwg 文件里的线型、文字、尺寸、填充等样式全部加入到 Revit 文件中，导致 Revit 文件增加了很多无谓的元素，而且很难清理（图 1-18）。

（3）引用 .dwg 文件，尽量选择"仅当前视图"。不管是链接 .dwg 还是导入 .dwg，均有一个"□仅当前视图"的选项。这个选项是很有讲究的，如果不勾选，那么导入的 .dwg 图元是"模型元素"，可以在其他视图，包括三维视图中显示；如果勾选了，那么导入的 .dwg 图元就是"注释类元素"，仅在当前视图显示，无法显示在三维视图中（图 1-19）。

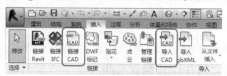

图 1-18　引用 .dwg 文件的两种方式

图 1-19　导入及链接 .dwg 文件选项

因此，除非是有必要显示在三维视图中，一般均应勾选"□仅当前视图"选项，避免导入的 .dwg 出现在无关视图中。如图 1-20 所示，将一个总·平面的 .dwg 图导入到 Revit 中，由于需在三维视图中显示，因此不勾选该选项。

（4）引用平面图 .dwg 文件，尽量选择"原点对原点"作为定位方式。前面已经提到，对于平面图等与坐标相关的 .dwg 文件，尽量选择"原点对原

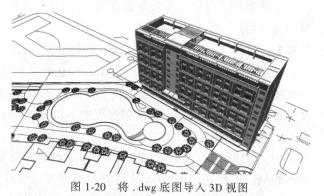

图 1-20　将 .dwg 底图导入 3D 视图

点"的定位方式，这样可以避免手动对位，进而避免误差发生。但 .dwg 的制图习惯往往是多个平面图放在一个 .dwg 文件中，这就需要事先对 .dwg 图做好拆分、定位处理，这样才能条理清晰地引入多个平面图的底图。

第2章 建筑施工图基本建模命令

2.1 标高、轴网和参照平面

标高与轴网分别是用于确定建筑各类构件的立面参照高度与平面位置，是建模前的第一步绘制工作；而参照平面顾名思义可理解为起参照作用的工作平面，是构件布置时的重要定位平面，如标高默认的工作平面是立面，轴网的工作平面是楼层平面。三者的绘制命令位置均在"建筑"选项卡下，如图 2-1 所示。

图 2-1 标高、轴网和参照平面的命令位置

2.1.1 标高的绘制

（1）在 Revit 中，"标高"命令必须在立面和剖面视图中才能激活使用，因此在正式开始项目设计前，必须事先打开一个立面视图。以 Revit 的"建筑样板"为例新建项目，在项目浏览器中双击打开"南"立面，打开南立面，分别双击将标高 1 和标高 2 均修改为 1F 和 2F，如图 2-2 所示，弹出"是否希望重命名相应视图？"对话框如图 2-3 所示，选择"是"则"视图浏览器"中的视图名称也对应修改。

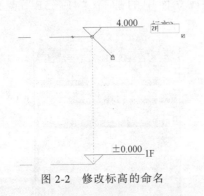

图 2-2 修改标高的命名

图 2-3 "重命名"询问对话框

（2）2F 的标高为"4.000"，单击标高符号中的高度值，可输入"3.5"，则 2F 的楼层高度改为 3.5m，如图 2-4 所示。此处注意标高的默认单位为 m，临时尺寸标注的单位为 mm。

（3）单击"标高"命令，移动鼠标指针到视图中"2F"左端标头上方 3000mm 处，当出现绿色标头对齐虚线时，单击鼠标左键捕捉标高起点。向右拖动鼠标指针，直到再次出现绿色标头对齐虚线，单击鼠标完成新楼层的绘制，并将其重命名为"3F"。

（4）选中 3F 标高，单击"复制"命令，在选项卡中会出现 修改 | 标高 ☐约束 ☐分开 ☐多个，勾选"约束"，可垂直或水平复制标高；勾选"多个"，可连续多次复制标高。都勾选后，单击"3F"上一点作为起点，向上拖动鼠标指针，如图 2-5 所示直接输入临时尺寸的值3000，单位为 mm，输入后按"Enter"键则完成一个标高"4F"的绘制。继续向上拖动鼠标指针输入数值 3000，则可继续绘制标高"5F"。

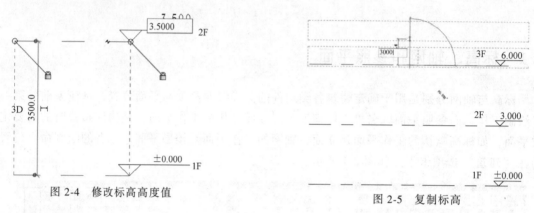

图 2-4　修改标高高度值　　　　　　　　图 2-5　复制标高

【提示】

除了使用"复制"命令，对于高层的标准层可选择"阵列"命令进行标高的绘制，注意阵列的过程中取消选择"成组并关联"，否则若要编辑每层的名称需要解组后再逐层修改。

（5）复制或阵列后的标高是参照标高，标高标头均是黑色显示，且在"项目浏览器楼层"中不会自动生成相应的平面视图。因此需要单击选项卡"视图"→"平面视图"→"楼层平面"命令，打开"新建平面"对话框，如图 2-6 所示。从下面列表中选择"4F、5F"，如图 2-7 所示。单击"确定"按钮后，在项目浏览器中创建了新的楼层平面"4F、5F"，并自动打开"4F、5F"平面视图。此时，可发现立面中的标高"4F、5F"蓝色显示。

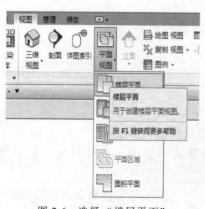

图 2-6　选择"楼层平面"

图 2-7　选择新建的楼层标高

2.1.2　轴网的绘制

（1）继续打开上述的项目文件，在"项目浏览器"中双击"楼层平面"项下的"1F"视图，打开"楼层平面：1F"视图，单击"轴网"命令。在视图范围内单击一点后，垂直向上移动鼠标指针到合适距离再次单击，绘制第一条垂直轴线，轴号为1。

（2）利用复制命令创建2~7号轴网。选择1号轴线，单击"修改"面板的"复制"命令，勾选"约束"和"多个"，在1号轴线上单击捕捉一点作为复制参考点，然后水平向右移动鼠标指针，输入间距值1200后，单击一次鼠标复制生成2号轴线。保持鼠标指针位于新复制的轴线右侧，分别输入3900、2800、1000、4000、600后依次单击"确定"按钮，绘制3~7号轴线，完成结果如图2-8所示。

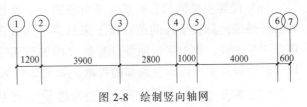

图 2-8　绘制竖向轴网

（3）继续使用"轴网"命令绘制水平轴线，移动鼠标指针到视图中的1号轴线下端左上方位置，单击鼠标左键捕捉一点作为轴线起点。然后从左向右水平移动鼠标指针到7号轴线右侧一段距离后，再次单击鼠标左键捕捉轴线终点，创建第一条水平轴线。选择该水平轴线，修改标头文字为"A"，创建A号轴线。

（4）同上绘制水平轴线步骤，利用"复制"命令，创建B~E号轴线。移动鼠标指针在A号轴线上单击捕捉一点作为复制参考点，然后垂直向上移动鼠标指针，保持鼠标指针位于新复制的轴线上侧，分别输入2900、3100、2600、5700后依次单击"确定"按钮，完成复制，如图2-9所示。

（5）对于已绘制的轴网，只有单侧显示轴号且轴线中间不连续，若要修改，则选中任意一根轴线，在"属性"栏中单击"编辑类型"，弹出的"类型属性"对话框中，依次将"轴线中段"由"无"替换为"连续"，并勾选"平面视图轴号端点1（默认）"，完成后单击"确定"按钮，回到绘图界面，轴网样式变为如图2-10所示，同时其他楼层的轴网显示同1F层。

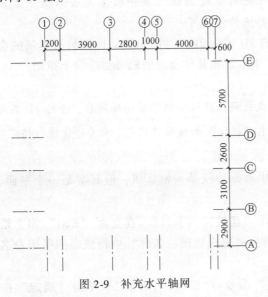

图 2-9　补充水平轴网

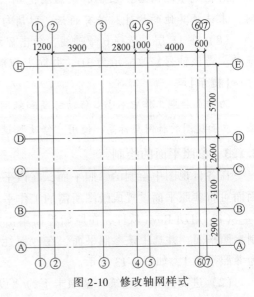

图 2-10　修改轴网样式

【提示】

若其他楼层未显示轴网，检查立面中的轴网高度是否超过最高层的标高。若在标高下，则直接拖动所有的轴网超过该标高。

【提示】

若要调整某几根轴网的轴号显示，则选中该轴网，可在其两侧显示一个带勾的方框 ☑，取消选择勾选则可隐藏该侧的轴号显示。

（6）绘制完轴网后，需要在平面视图和立面视图中手动调整轴线标头位置，解决 6 号和 7 号轴线的标头干涉问题。接下来只讲平面视图的解决方法，立面视图类同。在 1F 层，选择 7 号轴线，单击靠近轴号位置的"添加弯头"标志（类似倾斜的字母 N），出现弯头，拖动蓝色圆点则可以调整偏移的程度，如图 2-11 所示。

（7）对于轴号 6，在其下方取消勾选 ☑。再从右下方向左上方框选所有的轴网，单击"修改|轴网"选项卡中的"影响范围"，选择其他的楼层平面 2F～5F，如图 2-12 所示，单击"确定"按钮，则其他楼层的轴号 7 也对应的弯折，轴号 6 未显示标注。

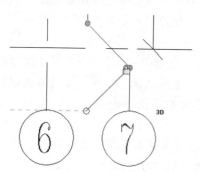

图 2-11　调整轴线标头位置

图 2-12　调整轴线的影响基准范围

【提示】

若框选了轴网后，未显示"影响范围"，可使用"过滤器"漏斗检查是否只选中了轴网，未选择其他的构件。若有的话，取消勾选其他构件即可。

（8）在 1F 层，选择 6 号轴线，单击显示的 3D 改为 2D，并向上拖动，则只有本层的会拖动。若该轴号修改显示为 3D，并向上拖动，则本层和其他楼层的轴号都会向上拖动。

【提示】

为防止后期工作中不小心移动标高和轴网造成失误，建议绘制完标高轴网后，全选 1F 层与某一立面视图的轴网与标高，使用"修改"选项卡"修改"面板的"锁定"命令 🔒 进行锁定。

2.1.3　参照平面的绘制

在各自视图中绘制的参照平面，在该平面中看到的仅是一根直线，但其实是一个平面，因而可将参照平面设置成绘图所需的工作平面。

（1）启动 Revit 软件，在原始界面单击打开"建筑样例项目"。在立面"East"面上绘制参照平面，并选中该参照平面，在"属性"栏→"标识数据：名称"中将该参照平面命名为参照平面 1，如图 2-13 所示。

（2）进而选择"建筑"选项卡下的"设置"命令→"拾取一个平面"，单击"确定"按钮，选中参照平面 1，弹出"转到视图"，选择三维视图 {3D} 并单击"工作平面"面板中的"显示"命令，则参照平面 1 作为三维视图 {3D} 的工作平面，如图 2-14 所示。当创建内建模型或有基于面的构件放置时，则是以工作平面进行绘制与放置。

【提示】

在绘制楼梯的过程中常用参照平面进行定位，同时在创建族时参照平面是用于作为工作平面的重要工具。

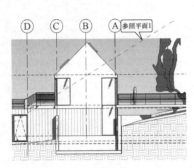
图 2-13　给参照平面命名

图 2-14　工作平面（蓝色）

2.2　柱、梁和结构构件

柱、梁和结构构件是用于创建建筑的主要受力构件，在 Revit 中分为了建筑柱和结构柱、梁、梁系统、桁架以及基础等结构构件。本节主要讲结构柱、梁和梁系统的布置，其他结构构件布置方法类似。

2.2.1　创建柱构件

（1）新建项目（建筑样板），绘制如图 2-17 所示轴网。单击"建筑"选项卡→"构建"面板→"柱"下拉列表→"结构柱"命令，或者单击"结构"选项卡→"结构"面板→"柱"命令。在"属性"框的"类型选择器"中选择适合尺寸规格的柱子类型，如果没有相应的柱类型，可通过"编辑类型"→"复制"功能创建新的柱，并在"类型属性"框中修改柱的尺寸规格。放置柱前，如图 2-15 所示，需在"选项栏"中设置柱子的高度。若勾选"放置后旋转"则放置柱子后，可对柱子直接旋转。

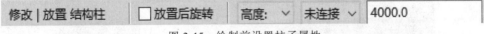
图 2-15　绘制前设置柱子属性

（2）单击选择"结构柱"时，弹出的"修改 | 放置结构柱"上下文选项卡会比"建筑柱"多出"放置""多个"以及"标记"面板，如图 2-16 所示。

图 2-16　结构柱专属面板

【提示】

对于结构柱，一般选择"垂直柱"，若软件跳至"斜柱"，"斜柱"需要单击两下确定上下两点的位置。

（3）绘制多个结构柱时，在结构柱中，能在轴网的交点处以及在建筑柱中创建结构柱。

进入到"结构柱"绘制界面后，选择"垂直柱"放置，单击"多个"面板中的"在轴网处"，在"属性"对话框中的"类型选择器"中选择需放置的柱类型，从右下向左上框选轴网，如图 2-17 所示。则框选中的轴网交点自动放置结构柱，单击"完成"按钮则在轴网中放置多个同类型的结构柱，如图 2-18 所示。

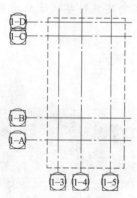

图 2-17　框选轴网

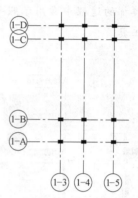

图 2-18　交点处生成柱子

（4）除此以外，还可在建筑柱中放置结构柱，单击"多个"面板中的"在柱处"，在"属性"对话框中的"类型选择器"中选择需放置的柱类型，按住"Ctrl"键可选中多根建筑柱，单击"完成"按钮，则完成在多根建筑柱中放置结构柱的任务。

【提示】

若单击"完成"按钮后结构柱不显示，可切换到任意立面图查看结构柱的位置，接着选择结构柱，在属性栏中修改"限制条件"将柱子移动到正确的位置。

2.2.2　创建梁构件

（1）新建项目（建筑样板），进入绘图界面。单击"结构"选项卡→"结构"面板→"梁"命令，则进入到梁的绘制界面中，如果没有矩形梁族，则可通过"载入族"方式从族库（China→结构→框架→混凝土→混凝土-矩形梁）中载入。

（2）在"选项栏"中可选择梁的"放置平面"，还可从"结构用途"下拉箭头中选择梁的结构用途或让其处于自动状态，结构用途参数可以包括在结构框架明细表中，这样便可以计算大梁、托梁、檩条和水平支撑的数量，如图 2-19 所示。

图 2-19　选择梁的结构用途

（3）勾选"链"可绘制多段连接的梁；勾选"三维捕捉"选项，可通过捕捉任何视图中的其他结构图元，创建新梁，这表示可以在当前工作平面之外绘制梁和支撑。例如，在启用了三维捕捉之后，无论当前工作平面高程如何，屋顶梁都能捕捉到柱的顶部。

（4）在"1F"平面中绘制 400mm×800mm 的矩形梁，绘制一段后，报出警告"所创建的图元在视图楼层平面：1F 中不可见"，则按下"Esc"键回到楼层平面的属性中，单击

"视图范围"后的"编辑…"按钮，弹出对话框，将底（B）和标高（L）改为"标高之下"，如图 2-20 所示，单击"确定"按钮则可见到刚绘制的矩形梁 400mm×800mm。还可使用"多个"面板中的"在轴网上"命令，拾取轴网线或框选轴网线，单击"完成"按钮，系统将自动在柱、结构墙和其他梁等支座之间沿着轴网放置梁。

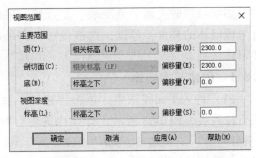

图 2-20 修改"视图范围"

【提示】

一般绘制梁时注意其放置的标高位置以及楼层平面的视图范围和可见性。

2.2.3 创建梁系统

（1）单击"梁系统"命令，自动切换到"修改丨创建梁系统边界"的选项卡，选择矩形"边界线"绘制任意矩形，如图 2-21 所示。

（2）在属性"选项栏"中，默认的布局规则为"固定距离"，固定间距为 1828.8mm。在布局规则下拉菜单中选择"固定数量"，"线数"改为 8，则直接生成 8 根平行的梁。对于梁系统一般通过距离和数量两种方式来控制梁的数量。

【提示】

除了上述讲的"固定距离"和"固定数量"，还包括"最大间距"和"净间距"两种方式，其作用分别为第一根梁的最大间距为该数据后，其他的梁中心线间距保持一致；净间距为各梁之间的最短距离。

（3）生成的梁系统，还可对其方向进行修改，选中梁系统，单击"编辑边界"命令，在面板中选择"边界线"下方的"梁方向"，单击垂直方向的边界线，则该边线修改为带三条线。单击"完成"按钮后，梁系统将由水平方向变为垂直方向，如图 2-22 所示。

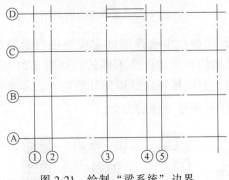

图 2-21 绘制"梁系统"边界

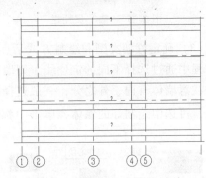

图 2-22 修改"梁系统"方向

【提示】

对于"属性"中的"对正"方式只有在"固定距离"和"净间距"两种方式时被激活。

2.3 墙体和幕墙

墙体作为建筑设计中的重要组成部分，在实际工程中墙体根据材质、功能也分多种类型，如隔墙、防火墙、叠层墙、复合墙、幕墙等。因此在绘制时，需要综合考虑墙体的高度，厚度，构造做法，图纸粗略、精细程度的显示以及内外墙体区别等。

2.3.1　创建基本墙体

（1）进入平面视图中，单击"建筑"选项卡→"构建"面板→"墙"的下拉列表，图 2-23 所示，有"建筑墙""结构墙""面墙""墙饰条"和"墙分隔缝"五种选择，其中"墙饰条"和"墙分隔缝"一般在平面视图以外的其他视图状态下才能激活亮显，用于墙体绘制完后添加。其他墙可以从字面上来理解，建筑墙主要是用于分割空间，不承重；结构墙用于承重以及抗剪作用；面墙主要用于体量或常规模型创建墙面。

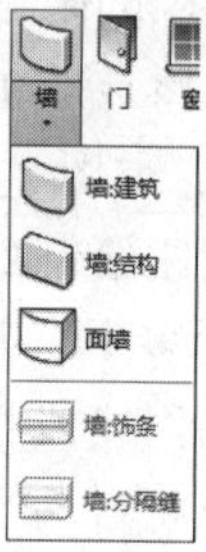

图 2-23　"墙"命令下拉列表

（2）单击选择"墙：建筑"后选项栏将变为墙体设置选项栏，如图2-24所示，属性栏将由"视图属性"框转变为"墙属性"，如图 2-25 所示，单击下拉三角形可切换选择不同的墙。同时在选项卡中出现 修改 | 放置 墙 上下文选项卡，面板中出现墙体的绘制方式如图 2-26所示，绘制方式根据图形样式选择，如直线、矩形、多边形、圆形、弧形等，如果有导入或链接的 CAD 平面图作为底图，可以先选择"拾取线/边"命令，鼠标拾取 CAD 平面图的墙线，自动生成 Revit 墙体。

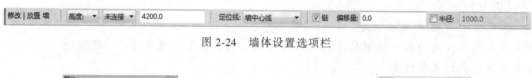

图 2-24　墙体设置选项栏

图 2-25　"墙"属性栏

图 2-26　选择合适的绘制方式

（3）确定好墙类型和绘制方式后，在墙体设置选项栏中选择墙体定位线进行绘制。绘制过程中通过选择不同的定位线，则墙体与参照平面的相交定位是不同的，如图 2-27 所示。另外注意墙体有内、外之分，一般选择顺时针方向绘制墙体，保证墙体外侧朝外，若要修改方向，可选中绘制好的墙体，单击"翻转控件"可调整墙体的方向。

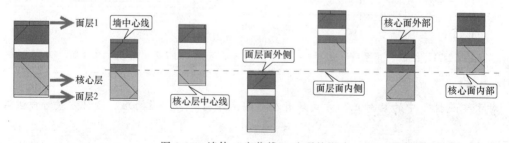

图 2-27　墙体"定位线"选项的影响

（4）生成复合墙。在绘制完一段墙体后，选择该面墙，单击"属性"栏中的"编辑属性"，弹出"类型属性"对话框，如图 2-28 所示。单击"编辑..."按钮，在"编辑部件"

对话框中，插入"面层1［4］"，"厚度"改为20mm。创建复合墙，通过利用"拆分区域"按钮拆分面层，放置在面层上会有一条高亮显示的预览拆分线→在面层高度200mm和400mm处单击鼠标左键→在"编辑部件"对话框中再次插入"面层2［5］"→修改面层材质→单击该面层2［5］前的数字序号，选中新建的面层→单击"指定层"，在视图中单击拆分后的某一段面层，选中的面层蓝色显示→单击"修改"→新建的面层指定给了拆分后的某一段面层，如图2-29所示。通过对墙体面层的"拆分""指定层"和"修改"，即可实现一面墙在不同高度有几个材质的要求。

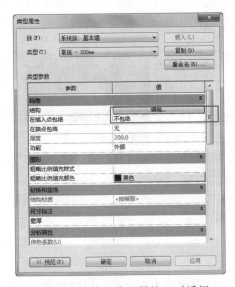

图 2-28　墙体"类型属性"对话框

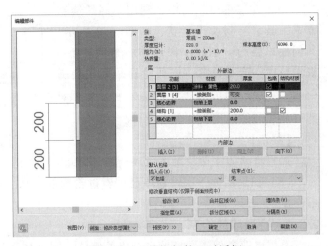

图 2-29　"编辑部件"对话框

【提示】

拆分区域后，单击"修改"选择拆分边界会显示蓝色控制箭头 ↑，可调节拆分线的方向，并拖动分界线可调节拆分高度。

（5）生成墙饰条。墙饰条主要是用于绘制的墙体在某一高度处自带墙饰条，单击"墙饰条"，在弹出的"墙饰条"对话框中，单击"添加"轮廓可选择不同的轮廓族，如果没有所需的轮廓，可通过"载入轮廓"载入轮廓族，再设置墙饰条的各参数，单击"应用"，即可实现绘制出的墙体直接带有墙饰条，如图2-30所示。

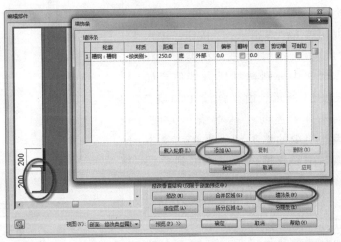

图 2-30　添加墙饰条

（6）选择已绘制的墙体，自动激活"修改|墙"选项卡，单击"修改|墙"下"模式"面板中的"编辑轮廓"，如图2-31所示。如果在平面视图选择

轮廓编辑的操作，此时弹出"转到视图"对话框，选择任意立面或三维进行操作，进入绘制轮廓草图模式。

图 2-31　选择"编辑轮廓"命令

【提示】

如果在三维中编辑，则编辑轮廓时的默认工作平面为墙体轮廓所在的平面。

（7）在三维或立面中，利用不同的绘制方式工具，绘制所需形状，如图 2-32 所示。其创建思路为：创建一段墙体→修改|墙→编辑轮廓→绘制轮廓→修剪轮廓→完成绘制模式。完成后，单击"完成编辑模式" ✔即可完成墙体的编辑，保存文件。

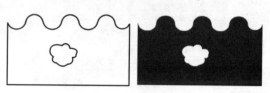

图 2-32　编辑墙体轮廓

【提示】

弧形墙体的立面轮廓不能编辑。

（8）如果需要一次性还原已编辑过轮廓的墙体，选择墙体，单击"重设轮廓"命令即可恢复。

2.3.2　叠层墙的绘制

叠层墙即类似于常见的带勒脚的墙体，同一楼层的墙体由多段不同类型、材质的墙体上下叠加组成。

（1）要绘制叠层墙，首先需要在"属性"中选择叠层墙（外部-砌块勒脚砖墙），单击"编辑类型"，打开"类型属性"对话框，单击"编辑..."按钮，进入"编辑部件"对话框，在类型1和类型2中分别选择所需墙体，如图 2-33 所示。由于该墙1和墙2均来自上述的"基本墙"类型，因此缺少的墙类型，要在"基本墙"中新建墙体后，才可到叠层墙中进行添加选择。

（2）选择好所需的墙体后，进行高度的设置以及不同墙体叠加时的偏移量设置，其中上方的

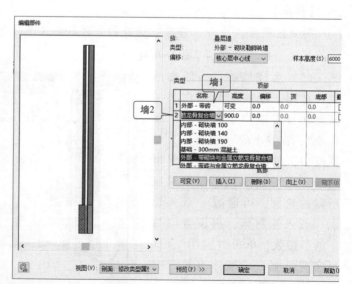

图 2-33　选择墙体类型

墙1高度为墙体总高度减去墙2高度，所以为"可变"。设置完成后即可进行墙体的绘制，其绘制和编辑的方法与基本墙一致。

2.3.3　创建幕墙

幕墙是现代建筑设计中被广泛应用的一种建筑外墙，由幕墙网格、竖梃和幕墙嵌板组成。其附着到建筑结构，但不承担建筑的楼板或屋顶荷载。在 Revit 中，幕墙可通过墙体中的常规幕墙和幕墙系统两种方式创建。

其中常规幕墙是墙体的一种特殊类型，其绘制方法和常规墙体相同，并具有常规墙体的各种属性，可以像编辑常规墙体一样用"附着""编辑立面轮廓"等命令编辑常规幕墙。幕墙系统可通过创建体量或常规模型来绘制，主要在幕墙数量、面积较大或曲面不规则时使用。

（1）单击"建筑"选项卡→"构建"面板→"墙：建筑"→"属性"框中选择"幕墙"类型→在已绘制的墙体上绘制一段幕墙，墙体高度改为 3.5m，幕墙高度改为 3m，如图 2-34 所示。幕墙的绘制方式和墙体相同，但是幕墙比普通墙多了部分参数的设置。

图 2-34　绘制幕墙

【提示】

叠加绘制墙体时，会弹出"高亮显示的墙重叠"的警告，关闭，并在幕墙的"类型属性"中勾选"自动嵌入"即可。

（2）选择已绘制的幕墙，单击"编辑类型"，在弹出的"类型属性"对话框中设置"构造""垂直网格""水平网格""垂直竖梃"和"水平竖梃"的参数，如图 2-35 所示。"复制"和"重命名"的使用方式和其他构件一致，可用于创建新的幕墙以及对幕墙重命名。

（3）完成属性设置后，按住"Tab"键依次选择中间的几根竖梃，单击"禁止或允许改变图元位置" 🔓 解锁，解锁后显示为🔓，如图 2-36 所示。直接按住"Delete"键可直接删除该段竖梃。删除竖梃后，选中显示的网格线，单击"修改|幕墙网格"选项卡中的"添加/删除线段"，依次单击需要删除的网格线，删除完单击任意空白处即可完成操作。如需恢复，再次单击即可，完成后如图 2-37 所示。

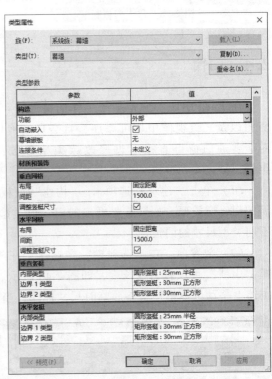

图 2-35　幕墙"类型属性"对话框

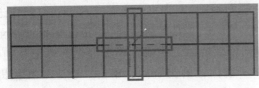

图 2-36　解锁并删除竖梃

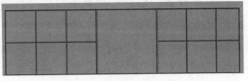

图 2-37　删除幕墙网格线

【提示】

竖梃只有在网格线上才可添加。

（4）单击"插入"选项卡中的"载入族"，打开"Libraries→China→建筑→幕墙→门窗嵌板→门嵌板_双嵌板无框铝门"，如图 2-38 所示，单击"打开"载入到项目中，按住"Tab"键选中最大块的幕墙，在"属性"栏的类型选择器中将玻璃嵌板修改为刚载入的门嵌板（无横档），完成后效果如图 2-39 所示。

图 2-38　载入门嵌板

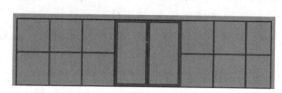

图 2-39　替换幕墙嵌板

2.4　门窗

在 Revit 中门、窗是基于主体的构件，可添加到任何类型的墙体上，并在平、立、剖面图以及三维视图中均可添加，且会自动剪切墙体放置。门窗可直接放置已有的门窗族，对于普通门窗可直接通过修改族类型参数，如门窗的宽和高、材质等，形成新的门窗类型。

（1）单击"建筑"选项卡→"构建"面板→"门""窗"命令，在类型选择器下，选择所需的门、窗类型，如果需要更多的门、窗类型，通过"载入族"命令从族库载入或者新建不同类型尺寸的门窗。

（2）放置前，在"选项栏"中选择"在放置时进行标记"则软件会自动标记门窗，选择"引线"可设置引线长度，如图 2-40 所示。门窗布置时，只有在墙体上才会显示，在墙主体上移动鼠标指针，参照临时尺寸标注，当门位于正确的位置时单击鼠标确定。

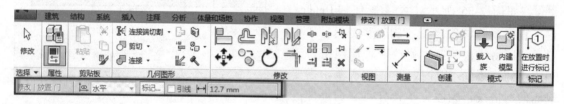

图 2-40　门窗可在放置时进行标记

（3）在放置门窗时，如果未勾选"在放置时进行标记"，还可通过第二种方式对门窗进行标记。选择"注释"选项卡中的"标记"面板，单击"按类别标记"，将鼠标指针移至放置标记的构件上，待其高亮显示时，单击鼠标则可直接标记；或者单击"全部标记"，在弹出的"标记所有未标记的对象"对话框，选中所需标记的类别后，单击"确定"按钮即可，如图 2-41 所示。

图 2-41　门窗标记命令

（4）放置门窗时，根据临时尺寸可能很难快速定位放置，则可通过大致放置后，调整临时尺寸标注或尺寸标注来精准定位；如果放置门窗时，开启方向放反了，则可和墙一样，选中门窗，通过"翻转控件"　来调整。

（5）对于临时尺寸的调节，可单击"管理"选项卡→"设置"面板→"其他设置"下拉列表→"临时尺寸标注"命令，在弹出的"临时尺寸标注属性"对话框中进行设置，如图 2-42 所示。其中对于"墙"，选择"中心线"后，则在墙周围放置构件时，临时尺寸标注自动会捕捉"墙中心线"；对于"门、窗"，则设置成"洞口"，表示"门和窗"放置时，临时尺寸将捕捉门、窗洞口边界之间的距离。

（6）单独调整某扇门或窗的属性。在视图中选择门、窗后，视图"属性边界"框则自动转成门或窗的"属性"，如图 2-43 所示，在"属性"框中可设置门、窗的"标高""底高度"以及"材质"等，该底高度即为窗台高度，顶高度为门窗高度加上底高度。该"属性"框中的参数为该扇门窗的实例参数。

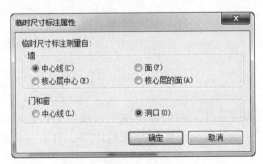

图 2-42　"临时尺寸标注属性"对话框

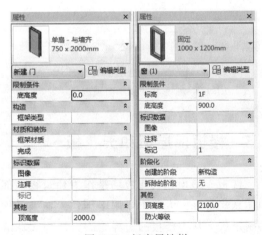

图 2-43　门窗属性栏

（7）统一调整门窗的属性。在"属性"框中，单击"编辑类型"，在弹出的"类型属性"对话框中，可设置门、窗的高度、宽度、材质等属性，在该对话框中可同墙体复制出新的墙体一样，复制出新的门、窗，以及对当前的门、窗重命名，如下图 2-44 所示。

（8）对于窗如果有底标高，除了在实例或类型属性处修改，还可切换至立面视图，选择窗，移动临时尺寸界线，修改临时尺寸标注值。如图 2-45 所示有一面东西走向墙体，则进入项目浏览器，单击展开"立面（建筑立面）"，双击"南立面"从而进入南立面视图。在南立面视图中如图 2-46 所示选中该扇窗，移动临时尺寸控制点至±0.000 标高线，修改临时尺寸标注值为"1000"后，按"Enter"键确认修改。

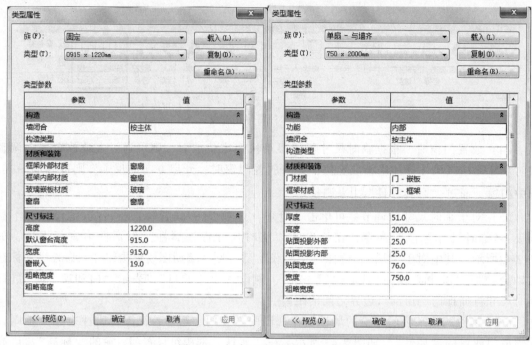

图 2-44 门窗 "类型属性" 对话框

图 2-45 窗平面视图

图 2-46 窗立面视图

2.5 楼板、屋顶和天花板

　　楼板、屋顶和天花板均是作为建筑物顶部的封闭构件，而楼板是用于创建楼面板、坡道和休息平台等，天花主要用于创建天花板吊顶等，屋顶则用于创建屋面构件等。对于三者的绘制过程，其中楼板的边界绘制方法与天花的类似，面楼板主要用于体量当中的体量楼层，屋顶则可采用迹线、拉伸和面屋顶三种方式创建构件。

2.5.1 楼板的创建

　　楼板共分为建筑板、结构板、面楼板以及楼板边缘，建筑板与结构板的区别在于是否可进行结构分析，面楼板主要用于概念设计阶段，楼板边缘多用于生成室外的小台阶或楼板边缘的造型等。

　　（1）单击 "建筑" 选项卡→ "构建" 面板→ "楼板" → "楼板：建筑"，在弹出的 "修改｜创建楼层边界" 上下文选项卡中如图 2-47 所示，可

图 2-47 绘制楼板边界线

选择楼板的绘制方式，下面以"直线"与"拾取墙"两种方式来讲解。使用"直线"命令绘制楼板边界则可绘制任意形状的楼板，"拾取墙"命令可根据已绘制好的墙体快速生成楼板。

（2）在使用不同的绘制方式绘制楼板时，在"选项栏"中是不同的绘制选项，如图 2-48 所示，其"偏移"功能也是提高效率的有效方式，通过设置偏移值，可直接生成距离参照线一定偏移量的板边线。

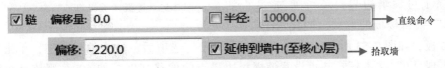

图 2-48　"偏移"选项

【提示】

　　顺时针方向绘制板边线时，偏移量为正值，则在参照线外侧；负值则在内侧。

（3）打开"标高 2"楼层平面，偏移量设置为 200mm，用"直线"命令方式绘制出如图 2-49 所示的矩形楼板，内部为"200mm"厚的常规墙，高度为 1F~2F，绘制时捕捉墙的外边线，顺时针方向绘制楼板边界线。

【提示】

　　如果用"拾取墙"命令来绘制楼板，则生成的楼板会与墙体发生约束关系，墙体移动楼板也会随之发生相应变化。

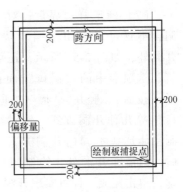

图 2-49　绘制矩形楼板

【提示】

　　使用"Tab"键切换选择，可一次选中所有外墙，单击"拾取墙"命令生成楼板边界。如出现交叉线条，则使用"修剪"命令编辑成封闭楼板轮廓。

（4）边界绘制完成后，单击 ✔ 完成绘制，此时会弹出"是否希望将高达此楼层标高的墙附着到此楼层的底部？"，如图 2-50 所示，如果单击"是"按钮，则将高达此楼层标高的墙附着到此楼层的底部；单击"否"按钮，则将高达此楼层标高的墙将未附着，与楼板同高度，如图 2-51 所示。

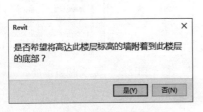

图 2-50　"附着"询问框

图 2-51　"附着"与"未附着"对比

【提示】

　　如果墙体在多坡屋面的下方，需要墙和屋顶有效快速连接，依靠编辑墙体轮廓的话，会花费很多时间，此时通过"附着/分离"墙体能有效解决问题。

（5）如果楼板边界绘制不正确，则可再次选中楼板，单击"修改 | 楼板"选项卡中的"编辑边界"命令，如图 2-52 所示，可再次进入到编辑楼板轮廓草图模式。

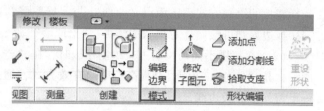

图 2-52　楼板"编辑边界"命令

（6）除了可编辑边界，还可通过"形状编辑"编辑楼板的形状，同样可绘制出斜楼板，如图 2-53 所示。单击"修改子图元"选项后，进入编辑状态，单击视图中的绿点，出现"0"文本框，其可设置该楼板边界点的偏移高度，如 500，则该楼板的此点向上抬升 500mm。

（7）确定好边界后，对于楼板开洞，不仅可以采用"编辑楼板边界"开洞外，如图 2-54 所示，还可在"建筑"选项卡中的"洞口"面板下，选择"按面""竖井""墙""垂直""洞口"等几种开洞方式，针对不同的开洞主体选择不同的开洞方式。在选择后，只需在开洞处，绘制封闭洞口轮廓，单击完成，即可实现开洞。

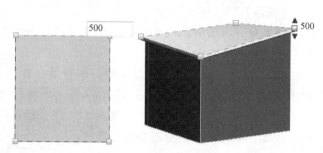

图 2-53　修改楼板边界点

（8）绘制带坡度的板。通过"边界线"绘制完楼板后，在"绘制"面板中还有"坡度箭头"的绘制，其主要用于斜楼板的绘制。选择"坡度箭头"，用直线方式绘制一段箭头，如图 2-55 所示。可通过设置属性栏中的"限制条件：指定"为"尾高"，修改箭头首尾的标高来定义坡度；也可以设置"限制条件：指定"为"坡度"，直接在"尺寸标注"的"坡度"中直接输入坡度。

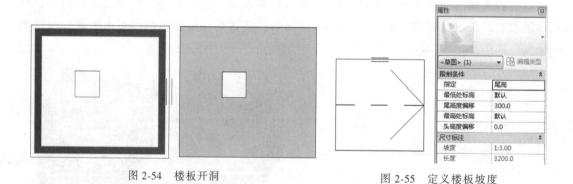

图 2-54　楼板开洞　　　　　　　　　　　图 2-55　定义楼板坡度

【提示】

图 2-55 所示的"尺寸标注"中的"坡度"单位可通过"管理"选项卡→"设置"面板→"项目单位"→单击"坡度"旁的按钮进行修改。

（9）上述步骤可基本创建和编辑楼板。对于楼板边缘，可通过选择"楼板：楼板边"命令后，在属性栏中单击"编辑类型"按钮，弹出"类型属性"对话框，在"构造"的

"轮廓"下拉列表中可选择不同的轮廓用于生成楼板边，如图 2-56 所示，可在族库中的"li-braries-china-轮廓-专项轮廓-楼板边缘"中载入轮廓族。

（10）单击确定轮廓后，将鼠标指针移至楼板的某一条边，高亮显示则表示将在该边缘生成楼板边缘，完成后效果如图 2-57 所示。生成楼板边缘后，选中楼板边缘，在该楼板边缘的上方和右侧均有一个方向箭头，单击可调整楼板边缘的方向。

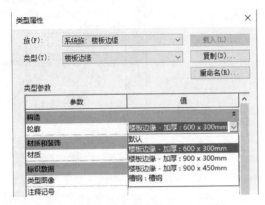

图 2-56　楼板"类型属性"对话框

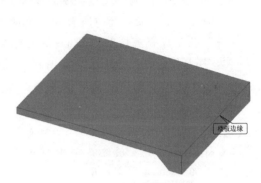

图 2-57　生成楼板边缘

2.5.2　屋顶的创建

屋顶是房屋最上层起覆盖作用的围护结构，根据屋顶排水坡度的不同，常见的有平屋顶、坡屋顶两大类。屋顶是建筑的重要组成部分。在 Revit 中提供了多种屋顶建模工具，如迹线屋顶、拉伸屋顶、面屋顶、玻璃斜窗等创建屋顶的常规工具。此外，对于一些特殊造型的屋顶，还可以通过内建体量的方式来创建。

1．创建迹线屋顶

对于大部分屋顶的绘制，均是通过"建筑"选项卡→"构建"面板→"屋顶"下拉列表→选择绘制方式，如图 2-58 所示，其包括"迹线屋顶""拉伸屋顶"和"面屋顶"三种屋顶的绘制方式。

图 2-58　屋顶绘制命令列表

（1）选择"迹线屋顶"命令后，进入绘制屋顶轮廓草图模式。绘图区域自动跳转至"修改|创建屋顶迹线"上下文选项卡，如图 2-59 所示。其绘制方式除了边界线的绘制，还包括坡度箭头的绘制。

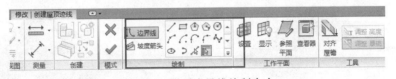

图 2-59　屋顶边界线绘制命令

（2）设置选项栏。屋顶的边界线绘制方式和其他构件类似，在绘制前，在"选项栏中"勾选"定义坡度"如图 2-60 所示，则绘制的每根边界线可定义和修改坡度值。"偏移量"是相对于绘制边界的偏移值；"悬挑"是用于"拾取墙"命令，是对于拾取墙线的偏移。

（3）除了通过边界线勾选"定义坡度"来生成屋顶，还可通过坡度箭头绘制。其边界线绘制方式和上述所讲的边界线绘制一致，但用坡度箭头绘制前需取消勾选"定义坡度"，通过坡度箭头的方式来指定屋顶的坡度，如图 2-61 所示。

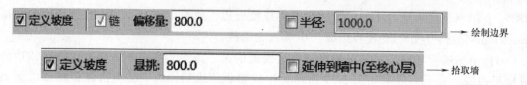

图 2-60　"定义坡度""偏移量"和"悬挑"命令

（4）图 2-61 所绘制的坡度箭头均为从边界的两端往中间绘制。接着选中所有的坡度箭头，在"属性"栏中设置坡度的"最高/低处标高"以及"头/尾高度偏移"，如图 2-62 所示。设置完后单击 ✔ 完成绘制。完成后的屋顶三维视图，如图 2-63 所示。

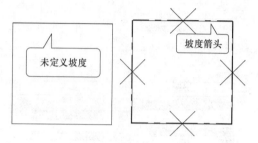

图 2-61　通过"坡度箭头"定义坡度

【提示】

注意图 2-61 所示屋顶边界轮廓为正方形，否则无法按照（4）方式生产屋顶。

限制条件	⊗
指定	尾高
最低处标高	默认
尾高度偏移	0.0
最高处标高	默认
头高度偏移	1000.0
尺寸标注	⊗
坡度	1:1.73
长度	5000.0

图 2-62　"坡度箭头"属性设置

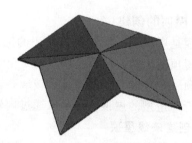

图 2-63　坡屋顶示例

（5）对于多坡屋顶如图 2-64 所示，下方的墙与屋顶未连接，用"Tab"键选中所有墙体，在"修改墙"面板中选择"附着顶部/底部"，在选项卡 附着墙：⦿ 顶部 ○ 底部 中选择顶部或底部，再单击选择屋顶，则墙自动附着在屋顶下，如图 2-65 所示。再次选择墙，单击"分离顶部/底部"，再选择屋顶，则墙会恢复原样。

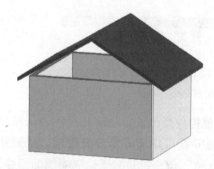

图 2-64　墙体未附着到屋顶

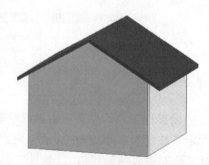

图 2-65　墙体附着到屋顶

【提示】

墙不仅可以附着于屋顶，还包括屋顶、楼板、天花板、参照平面等。

（6）绘制完屋顶后，若想编辑屋顶迹线，可以直接双击屋顶进入编辑模式；另外，还可选中屋顶，在弹出的"修改 | 屋顶"上下文选项卡中的"模式"面板中，选中"编辑迹线"命令，可再次进入到屋顶的迹线编辑模式。对于屋顶的编辑，还可利用"修改"选项卡下→"几何图形"面板→"连接/取消连接屋顶" 命令，连接屋顶到另一屋顶或墙上，如图 2-66 所示。

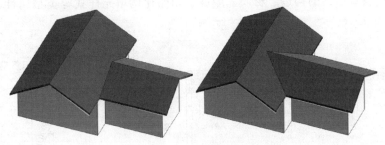

图 2-66　连接两个屋顶

【提示】

需先选中需要去连接的屋顶边界，再去选择连接到的屋顶面。

2. 创建拉伸屋顶

拉伸屋顶主要是通过在立面上绘制拉伸形状，按照拉伸形状在平面上拉伸而形成，拉伸屋顶的轮廓不能在楼层平面上进行绘制。主要思路为：绘制参照平面→单击拉伸屋顶命令→选择工作平面→绘制屋顶形状线→完成屋顶→修剪屋顶。

（1）单击"建筑"选项卡→"构建"面板→"屋顶"下拉列表→"拉伸屋顶"命令，如果初始视图是平面，则选择"拉伸屋顶"后，会弹出"工作平面"对话框，如图 2-67 所示。

（2）拾取平面中的一条直线，则软件自动跳转至"转到视图"界面，在平面中选择不同的线，软件弹出的"转到视图"中的选择立面是不同的。如果选择水平直线，则跳转至"南、北"立面，如图 2-68 所示；如果选择垂直线，则跳转至"东、西"立面；如果选择的是斜线，则跳转至"东、西、南、北"立面，同时三维视图均可跳转。

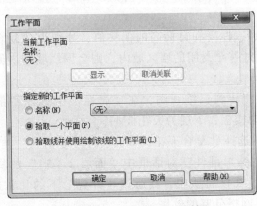

图 2-67　"工作平面"对话框

图 2-68　转到相应视角

（3）选择完立面视图后，软件弹出"屋顶参照标高和偏移"对话框，在对话框中设置绘制屋顶的参照标高以及相对于参照标高的偏移值，如图 2-69 所示。

（4）此时，可以开始在立面或三维视图中绘制屋顶拉伸截面线，无须闭合，如图 2-70 所示。绘制完后，需在"属性"框中设置"拉伸的起点/终点"（其设置的参照与最初弹出的"工作平面"选取有关，均是以"工作平面"为拉伸参照），如图 2-71 所示。同时在"编辑类型"中设置屋顶的构造、材质、厚度、粗略比例填充样式等类型属性，完成后的拉伸屋顶，如图 2-72。

图 2-69　"屋顶参照标高和偏移"对话框

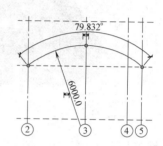

图 2-70　绘制屋顶截面

图 2-71　设置拉伸起点和终点　　　　　　图 2-72　生成的拉伸屋顶

2.5.3　创建天花板

天花板的创建过程分为"自动创建"和"绘制"两种方式，其中"绘制"的布置方式类似于楼板的创建，只是两者的构件属性不同。下面以"自动创建"为例讲解。

（1）单击"建筑"选项卡→"构建"面板→"天花板"命令，在弹出的"修改｜放置天花板"中选择→"自动创建天花板"。

（2）在天花板的"属性"中，设置其类别、标高和自标高的偏移值，分别为"复合天花板-无装饰""1F"和"2600"。并将鼠标指针移至封闭的墙区域内，则会围绕墙的内侧形成一圈红线，如图 2-73 所示。

（3）单击鼠标则完成一层的天花板布置，转到三维视图，在"属性"中打开"剖面框"并进行剖切，效果如图 2-74 所示，上层为楼板，下层为天花板。

（4）除了无装饰的天花板，还可在属性中选择"复合天花板 600×1200mm 轴网"类型，单击"编辑类型"→"类型属性"中的结构→"编辑部件"对话框中"面层 2〔5〕"的材质"天花板-扣板 600×1200mm"，如图 2-75 所示，在该材质中，其通过"外观"下的"常规"进行图形的设置，从而保证生成的天花板具有网格分割的效果。

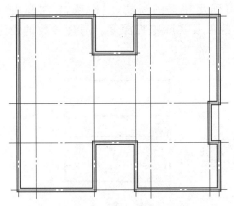

图 2-73　绘制天花板轮廓线

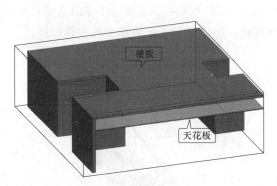

图 2-74　天花板三维视图

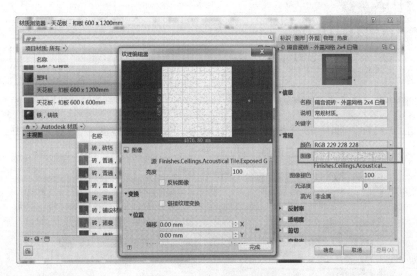

图 2-75　修改天花板材质

2.6　楼梯、扶手

2.6.1　创建楼梯

楼梯作为建筑垂直交通中的主要解决方式，高层建筑尽管采用电梯作为主要垂直交通工具，但是仍然要保留楼梯供紧急时逃生之用。楼梯按梯段可分为单跑楼梯、双跑楼梯和多跑楼梯；梯段的平面形状有直线的、折线的和曲线的，楼梯的种类和样式多样。楼梯主要由踢面、踏面、扶手以及休息平台组成，如图 2-76 所示。

（1）单击"建筑"选项卡→"楼梯坡道"面板→"楼梯"下拉列表→"楼梯（按草图）"命令（按草图相比按构件绘制的楼梯修改更灵活），进入绘制楼梯草图模式，自动激活"修改 | 创建楼梯草图"上下文选项卡，选择"绘制"面板下的"梯段"命令，即可开始绘制楼梯。

（2）在"属性"框中，主要需要确定"楼梯类型""限制条件"和"尺寸标注"三大内容，如图 2-77 所示。根据设置的"限制条件"可确定楼梯的高度（1F 与 2F 间高度为 3.5m），"尺寸标注"可确定楼梯的宽度、所需踢面数以及实际踏板深度，通过参数的设定软件可自动计算出实际的踏步数和踢面高度。

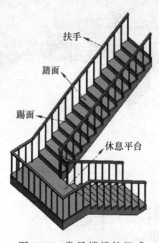

图 2-76　常见楼梯的组成

图 2-77　楼梯属性栏

（3）单击"属性"框中的"编辑类型"，在弹出的"类型属性"对话框中，如图 2-78 所示，主要设置楼梯的"踏板""踢面"与"梯边梁"等参数。

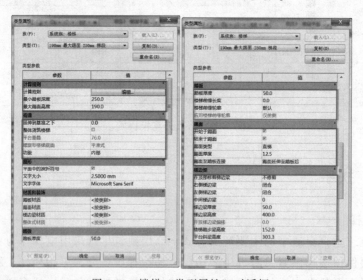

图 2-78　楼梯"类型属性"对话框

（4）完成楼梯的参数设置后，可直接在平面视图中开始绘制。单击"梯段"命令，捕捉平面上的一点作为楼梯起点，向上拖动鼠标指针后，梯段草图下方会提示"创建了 9 个踢面，剩余 10 个"。

（5）单击"修改丨楼梯>编辑草图"上下文选项卡→"工作平面"面板→"参照平面"命令，在距离第 9 个踢面 1000mm 处绘制一根水平参照平面，如图 2-79 所示。捕捉参照平面与楼梯中线的交点继续向上绘制楼梯，直到梯段草图下方提示"创建了 19 个踢面，剩余

0 个"。完成草图绘制的楼梯如图 2-80 所示，勾选"完成编辑模式"，楼梯扶手自动生成，即可完成楼梯的绘制。

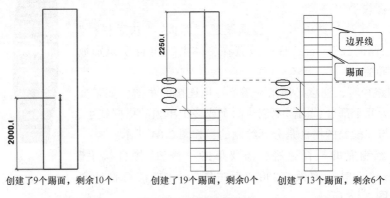

图 2-79　绘制楼梯草图

（6）选中"楼梯"后，双击"楼梯"或者单击"修改 | 楼梯"上下文选项卡→"模式"面板→"草图绘制"命令，则可再次进入编辑楼梯草图模式。单击"绘制"面板中的"踢面"命令，选择"起点-终点-半径弧"命令 ⟋，单击捕捉第一跑梯段最左端和最右端的踢面线端点，再捕捉弧线中间一个端点绘制一段圆弧。

（7）选择上述绘制的圆弧踢面，单击"修改"面板的"复制"按钮，在选项栏中勾选"约束"和"多个"，修改 | 编辑草图 ☑约束 ☐分开 ☑多个。选择圆弧踢面的端点作为复制的基点，水平向上移动鼠标指针，在之前直线踢面的端点处单击放置圆弧踢面，如图 2-81 所示。

（8）在放置完第一跑梯段的所有圆弧踢面后，按住"Ctrl"键选择第一跑梯段所有的直线踢面，按"Delete"键删除。单击"完成编辑模式"命令，即创建圆弧踢面楼梯，如图 2-82 所示。

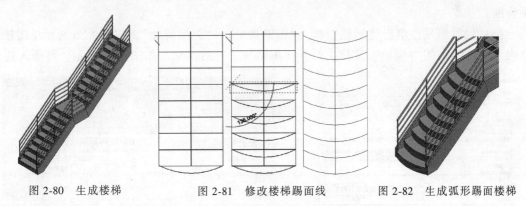

图 2-80　生成楼梯　　　　　图 2-81　修改楼梯踢面线　　　　图 2-82　生成弧形踢面楼梯

【提示】

楼梯按踢面来计算台阶数；楼梯的宽度不包含梯边梁；边界线为绿线，可改变楼梯的轮廓；踏面线为黑色，可改变楼梯宽度。

（9）对于楼梯边界，类似地单击"绘制"面板上的"边界"命令进行修改，用"起点-终点-半径弧"命令绘制一段弧形，并镜像到对面，删除原边界线，再使用"修剪 | 延伸多个图元"命令将"踢面"线进行延伸，完成后的效果如图 2-83 所示。

2.6.2 栏杆扶手

上述楼梯绘制完成后，可在楼梯两侧自动生成扶手，同时也可单独绘制栏杆扶手。

（1）单击"建筑"选项卡→"楼梯坡道"面板→"扶手栏杆"下拉列表→"绘制路径"。若选择"放置在主体上"可自动识别坡道或楼梯进行布置。

（2）绘制路径时，注意必须是一条单一且连接的草图，如果要将栏杆扶手分为几个部分，则需要创建两个或多个单独的栏杆扶手，如楼梯平台处与梯段处的栏杆是分开绘制的，如图 2-84 所示。

（3）对于绘制完的栏杆路径，需要单击"修改 | 栏杆扶手"上下文选项卡→"工具"面板→"拾取新主体"，才能使得栏杆落在主体上，如图 2-85 所示。

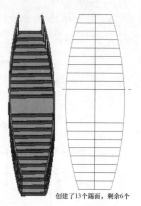

创建了13个踢面，剩余6个

图 2-83　修改楼梯草图的边界线

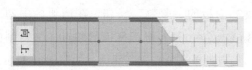

图 2-84　扶栏分成几段绘制

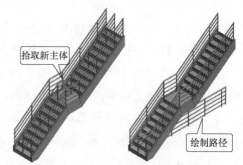

图 2-85　为扶栏拾取新主体

（4）若要修改栏杆类型，则选中栏杆，在"属性"栏的下拉列表中可选择其他栏杆扶手替换。

（5）设置扶栏。单击"属性"框→"编辑类型"→"类型属性"，如图 2-86 所示单击扶栏结构（非连续）的"编辑"按钮，打开"编辑扶手"对话框，如图 2-87 所示。可插入新建

图 2-86　扶栏"类型属性"对话框

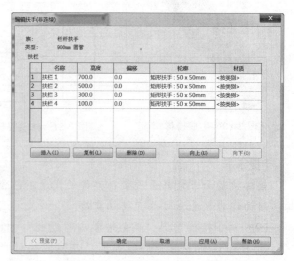

图 2-87　"编辑扶手"对话框

扶手，"轮廓"可通过载入"轮廓族"载入选择，此时将 4 个扶栏的轮廓修改为"矩形扶手：50×50mm"，并对各扶栏设置名称、高度、偏移、材质等参数。

（6）设置栏杆位置。单击栏杆位置后的"编辑"按钮，打开"编辑栏杆位置"对话框，如图 2-88 所示。编辑"900mm 圆管"中立杆的族轮廓、偏移等参数，将"主样式"中的"常规栏杆"修改为"栏杆-正方形：25mm"，完成后的栏杆样式如图 2-89 所示。

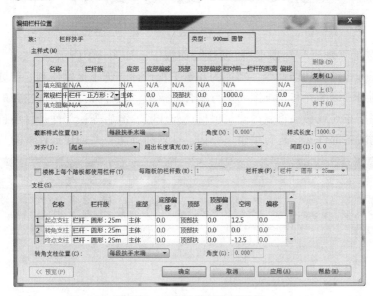

图 2-88　"编辑栏杆"对话框

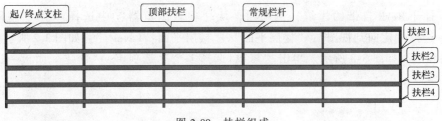

图 2-89　扶栏组成

第 3 章　组　与　部　件

组与部件均在"修改"选项卡→"创建"面板中，如图 3-1 所示。

看似类似工业设计的功能命令，却能为建筑工程设计、施工提供便利。组分为模型组和详图组两类，分别对三维图元和二维图元进行结合创建组，软件会自动根据选择的图元为组进行类别分类，常用于布局或楼层重复的建筑项目，如住宅、酒店等；部件是将项目中的多个图元进行合并，从而对各部件实体进行编辑、标记、计划和过滤，并创建部件视图与图纸。

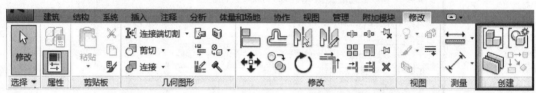

图 3-1　"组与部件"命令

3.1　组的创建

（1）打开 Revit 自带的建筑样例项目，从"项目浏览器"中选择"3D"视图，右击 ViewCube 选择"定向到视图"→"楼层平面"→"楼层平面：Level 1"，如图 3-2 所示。选中一层的内墙和门，如图 3-3 所示。单击"修改|选择多个"选项卡→"创建"面板→选择"创建组"命令。

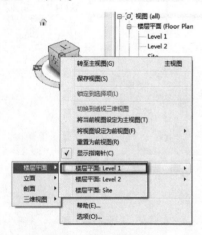

图 3-2　转至楼层平面

图 3-3　选择一层的墙和门

（2）弹出"创建模型组"对话框，名称修改为"内墙"，单击"确定"按钮，如图 3-4 所示。保持模型组的选择状态，转至"剪切板"面板，先单击"复制到剪切板"按钮，再单击"粘贴"下拉菜单中的"与选定的标高对齐"  按钮，如图3-5所示。

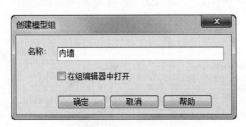

图3-4 "创建模型组"对话框

图3-5 复制与粘贴

【提示】

当选择的图元为注释类时，则软件会自动创建"详图组"。

（3）弹出"选择标高"对话框选择"Level 2"，单击"确定"按钮，如图3-6所示，如果要复制到多个楼层可按住"Ctrl"键多选。按照上面"定向到视图"命令转到Level 2，复制后的效果如图3-7所示。

图3-6 选择要粘贴的楼层标高

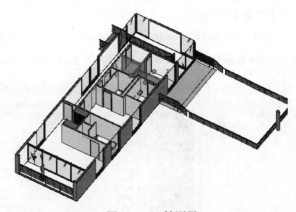

图3-7 2F轴测图

（4）创建组后，在"项目浏览器"的"组"→"模型"中同步新增"内墙"组，如图3-8所示。组不仅可以在本项目中使用，同时可作为独立文件并载入到其他项目使用。如图3-9所示，选中模型组后，单击"应用菜单"图标→另存为→库→组，选择保存路径后，"模型组"则以.rvt模型格式保存。

图3-8 项目浏览器中的组列表

（5）若要在其他项目中载入组，则切换到"插入"选项卡→"从库中载入"面板→单击"作为组载入"按钮，如图3-10所示。切换至保存路径中找到要载入的组，单击"打开"。若组中包含标高、轴网可根据需要进行"包含标高"和"包含轴网"的选择，如图3-11所示。

（6）载入到新项目后的"模型组"，可通过两种方式进行放置。一是在项目浏览器中直

图 3-9　保存组

接拖动"内墙"模型组至绘图平面;二是切换至"建筑"选项卡→"模型"面板→"模型组"下拉菜单中单击"放置模型组"按钮,如图 3-12 所示。在实例"属性"框中,选择"内墙"组,即可在视图中进行放置。

图 3-10　载入组到项目中

【提示】

对于"详图组"的放置,可切换至"注释"选项卡→"详图"面板→单击"详图组"下拉菜单→单击"放置详图组"按钮即可进行放置。

图 3-11　选择要载入的组

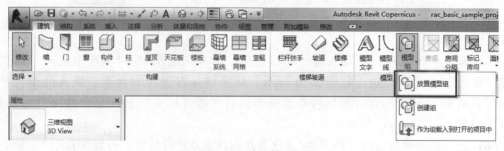

图 3-12　放置模型组

3.2　部件的创建

（1）部件是将项目中任意模型图元合并的过程，从而可对部件创建视图与图纸，进行单独查看。按照上文所述，从 3D 视图定向至 Level 1 视图，选中桌子、椅子及餐具，如图 3-13所示。切换至"修改 | 选择多个"选项卡→"创建"面板→单击"创建部件"按钮，在弹出的"新建部件"对话框中，修改类型名称为"餐桌"，命名类别选择为"家具"，如图 3-14 所示。

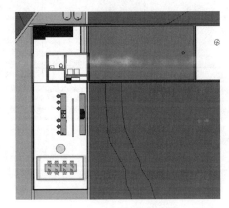

图 3-13　选择目标图元

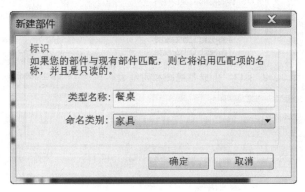

图 3-14　"新建部件"对话框

（2）单击"修改 | 部件"选型卡→"部件"面板→选择"创建视图"命令，如图 3-15所示。在弹出的"创建部件视图"对话框中，修改视图的比例和图纸大小，单击"选择全部"进行视图创建，勾选"明细表"，如图 3-16 所示，最后单击"确定"按钮即可。

图 3-15　创建视图

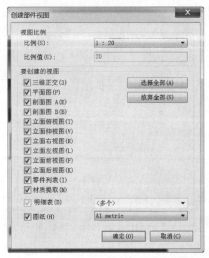

图 3-16　"创建部件视图"对话框

（3）完成以上操作后，在项目浏览器中，软件自动生成"餐桌"部件的各个视图和明细表，如图 3-17 所示，单击"详图视图：剖面详图 A"，其效果如图 3-18 所示。

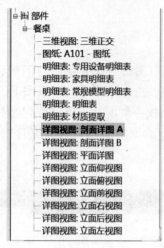

图 3-17 生成各视图和明细表

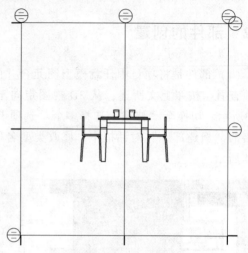

图 3-18 "详图视图：剖面详图 A"效果

第4章 样式管理、视图控制和项目样板

4.1 对象样式管理和设置

4.1.1 对象样式

（1）功能启动：【管理】→【设置】→【对象样式】。

（2）要点。对象样式用于设置图元的各种样式，对所有视图都起作用。主要设置"模型对象"和"注释对象"，而"分析模型对象"和"导入对象"暂且采用默认。为了避免协作不统一，一般尽量沿用默认模板的设置，确有必要的部分再改动和做好记录。由于对象样式对所有视图起作用，所以当单个视图有特殊显示要求时，建议通过"可见性/图形"设置，而不要在对象样式中设置，如图4-1所示。

图 4-1 对象样式设置

4.1.2 线宽设置（模型线宽+注释线宽）

（1）功能启动：【管理】→【设置】→【其他设置】→【线宽】。

（2）要点：

1）一般建议参照国家制图规范（如《房屋建筑制图统一标准》（GB/T 50001—2017））对线宽进行设置，也可按单位特点和出图要求设置，如图4-2所示。

2）Revit 中线宽有 16 个等级，依次设置为：0.13mm、0.18mm、0.25mm、0.35mm、0.50mm、0.7mm、1mm、1.4mm、2mm、3mm、4mm、5mm、6mm、7mm、8mm、9mm。

【提示】

施工图中的最细线如轴线可用"0.13mm + 半色调"代替使用。

图 4-2　模型和注释线宽设置

4.1.3　线样式

（1）功能启动。【管理】→【设置】→【其他设置】→【线样式】。

（2）要点。主要用于详图线和模型线样式的设置。定义辅助线、细线、中粗线、粗线、宽线的线宽，例如 0.13mm、0.18mm、0.25mm、0.5mm、1mm，也可以定义线型图案，如点划线、虚线等，如图 4-3 和图 4-4 所示。

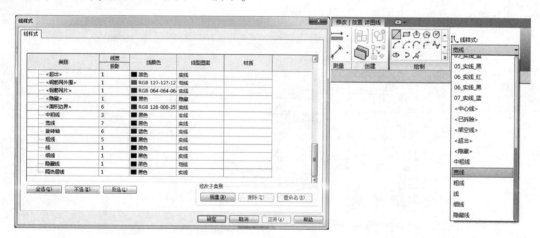

图 4-3　线样式设置

```
宽线2b ————————————————
粗线b ————————————————
中粗线0.5b ————————————
细线/线0.25b ——————————
架空线0.25b — — — — — — —
```

图 4-4　线样式示例

4.1.4　填充样式、线型图案、材质和项目单位等设置

Revit 的对象样式的设置较全面，一般位于"管理面板"→"设置"→"其他设置"里，如图 4-5 所示。

图 4-5　管理选项卡中的其他设置

以下选取较常用的对象项目进行设置。

1. 填充样式

（1）功能启动：【管理】→【设置】→【其他设置】。

（2）要点：基本采用原模板默认设置，可根据需要添加新样式，如图 4-6 所示。

2. 线型图案

（1）功能启动：【管理】→【设置】→【其他设置】。

（2）要点：根据项目特点定义工程图线型，线型图案由划线、点和空格组成，可根据次序和长度进行定义，如图 4-7 所示。

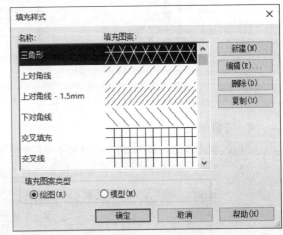

图 4-6　填充样式设置

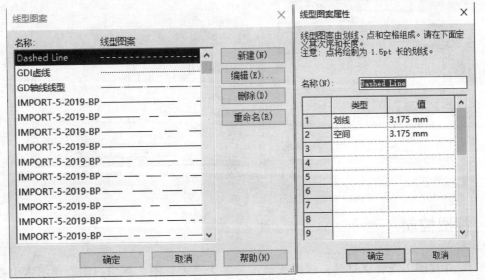

图 4-7　线型图案设置

3. 材质

（1）功能启动：【管理】→【设置】→【材质】。

（2）要点：可进行着色、表面填充图案、截面填充图案和外观纹理等多种设置。实际项目中，在视图中显示填充构件截面或表面，一般通过"可见性/图形"进行设置，如图 4-8 所示。

图 4-8　材质浏览器

4. 项目单位

（1）功能启动：【管理】→【设置】→【项目单位】。

（2）要点：按项目需要对各种项目单位进行设置，一般"长度"采用毫米，如图 4-9 所示。

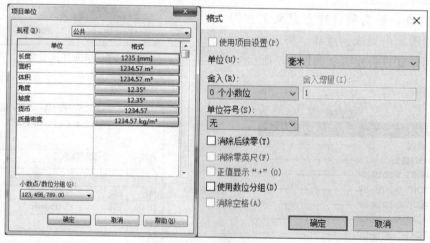

图 4-9　项目单位设置

4.2　视图控制

在 Revit 视图中查看项目时，视图按显示分类为平面视图、剖面视图、详图索引视图、绘图视图、图例视图和明细表视图等 6 大类视图。视图显示的图形内容由项目中三维建筑设计模型的实时剖切轮廓截面或投影而形成，显示内容可以包含尺寸标注、文字等注释类信息。

在项目操作过程中可以通过视图控制栏对视图中的图元进行显示控制。如图 4-10 所示，视图控制栏各个命令从左至右分别为：视图比例、视图详细程度、视觉样式、打开/关闭日光路径、阴影、渲染（仅三维视图）、视图裁剪控制、视图显示控制选项。

图 4-10　视图控制栏

1. 视图比例

视图比例用于控制模型尺寸与项目当前视图显示大小比例间的关系。如图 4-11 所示，单击视图控制按钮，在比例列表中选择比例值即可修改当前项目视图的比例大小。

【提示】

无论视图比例如何调整都不会修改模型的实际尺寸大小，仅影响当前视图中添加的文字、尺寸标注等注释信息的相对大小。每个视图可以指定不同比例，也可以创建自定义视图比例。

2. 视图详细程度

Revit 在视图中提供了三种详细程度，分别为粗略、中等、精细等。项目中的图元可以在族中定义在不同详细程度模式下，显示所需要的模型，如图 4-12 所示。在该门族中分别给予"粗略""中等""精细"三个详细程度，在不同详细程度下图元的表现精细程度会有所不同。Revit 通过视图详细程度控制同一模型在不同状态下的显示，以达到出图的要求。

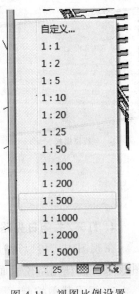

图 4-11　视图比例设置

3. 视觉样式

Revit 中视觉样式是模型在视图中显示的控制方式，如图 4-13 所示，Revit 在模型中提供了 6 种显示视觉样式分别为"线框""隐藏线""着色""一致的颜色""真实"和"光线追踪"。视图显示效果由上到下逐渐增强，相应的系统资源占用也越来越大。一般情况下，在

图 4-12　不同详细程度的显示效果

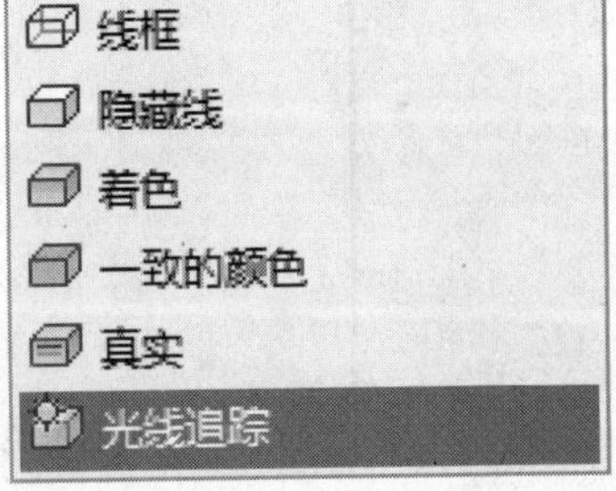

图 4-13　视觉样式设置

平面或剖面施工图中可设置其样式为线框或隐藏线模式，减小系统资源的消耗，且项目运行较快，但线框模式显示效果较差，在计算机配置上不去时，可以更换为线框模式，以提升模型运行速度；"隐藏线"模式下，图元将做遮挡计算，但并不显示图元的材质颜色；"着色"模式和"一致的颜色"模式都将显示对象材质定义中"着色颜色"中定义的色彩，"着色"模式将根据光线设置显示图元明暗关系；"一致的颜色"模式下，图元将不显示明暗关系；"真实"模式和材质定义中"外观"选项参数有关，用于显示图元渲染时的材质纹理；"光线追踪"模式是渲染的视觉样式，将对视图中的模型进行实时渲染，效果最佳，但其相应的也将消耗较多系统资源。

如图 4-14 所示，在三维视图中显示同一段墙体分别在线框、隐藏线和着色不同模式下的不同体现。

图 4-14　不同视觉样式的效果

4. 打开/关闭日光路径、打开/关闭阴影

在视图中，可以通过打开/关闭阴影命令在视图中显示模型的光照阴影，增强模型的视图效果。在日光路径里面按钮中，还可以对日光轨迹进行分析和观察。

5. 视图裁剪控制

视图裁剪区域用于控制视图中项目的显示范围，两个工具分别为是否"裁剪视图"、是否"显示剪裁区域"。如需在视图中显示裁剪区域，可以单击"显示裁剪区域"命令。如需调整剪裁区域，可以选择剪裁框并拖动边界。要看到剪裁效果，则需将"剪裁视图"功能启用，打开后，裁剪框范围外的图元将不显示。

6. 视图显示控制选项

在视图中可以根据需要临时隐藏任意图元。如图 4-15 所示，选择图元后，单击临时隐藏或隔离图元（或图元类别）命令，将弹出隐藏或隔离图元选项，可以分别对所选择图元

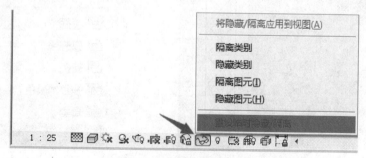

图 4-15　图元临时可见性设置

进行隐藏和隔离。其中隐藏图元选项将隐藏所选图元；隔离图元选项将在视图隐藏所有未被选定的图元。可以根据图元（所有选择的图元对象）或类别（所有与被选择的图元对象属于同一类别的图元）的方式对图元的隐藏或隔离进行控制。

所谓临时隐藏图元是指当关闭项目后，重新打开项目时被隐藏的图元将恢复显示。视图中临时隐藏或隔离图元后，视图周边将显示蓝色边框。此时，再次单击"临时隐藏/隔离图元"命令，可以选择"重设临时隐藏/隔离"选项恢复被隐藏的图元。如果选择"将隐藏/隔离应用到视图"选项，此时视图周边蓝色边框消失，将永久隐藏不可见图元。要查看项目中永久隐藏的图元，如图 4-16 所示，可以单击视图控制栏中

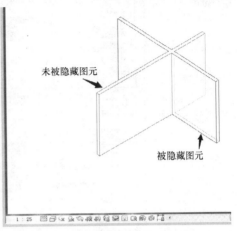

图 4-16　显示被永久隐藏的图元

"显示隐藏的图元"命令。Revit 将会显示红色边框，永久隐藏的图元显示为洋红色边框。单击选择被永久隐藏的图元，单击"显示隐藏的图元"面板中"取消隐藏图元"选项可以恢复其在视图中的显示。注意恢复图元显示后，单击"切换显示隐藏图元模式"按钮或再次单击视图控制栏的"显示隐藏图元"按钮才可返回正常显示模式。

7. 显示/隐藏渲染对话框（仅三维视图才可使用）

单击该按钮，将打开渲染对话框，以便对渲染质量、光照等进行详细的设置。Revit 采用自带的 Mentalray 渲染器进行渲染。

8. 解锁/锁定三维视图（仅三维视图才可使用）

如果需要在三维视图中进行三维尺寸标注及添加文字注释信息，需要先锁定三维视图。单击该工具将创建新的锁定三维视图。锁定的三维视图不能旋转，但可以平移和缩放。在创建三维详图大样时，将使用该方式。

9. 分析模型的可见性

临时分析模型的显示：结构图元的分析线会显示一个临时视图模式，隐藏项目视图中的物理模型并仅显示分析模型类别，这是一种临时状态，不会随项目一起保存，取消此选项则可以退出临时分析模型视图。

4.3　图形可见性和过滤器

对于不同专业的设计要求，对视图中的"模型类别""注释类别""导入的类别""过滤器"和"Revit 链接"等的可见性、投影/表面线、截面填充图案、透明、半色调及截面等显示效果进行设置。

1. 可见性

通过勾选或取消勾选设置图元在视图上的可见性。单击【视图】→【图形】栏目的【可见性/图形替换】，在对话框中，通过单击左侧的白色小方框来设置图元的可见性，如楼板、楼梯、墙等，如图 4-17 所示。

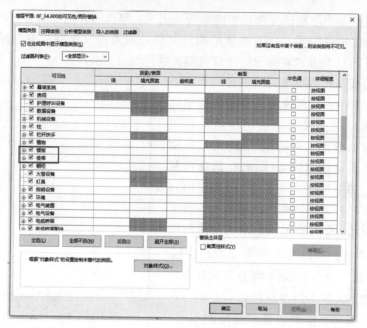

图 4-17　"可见性/图形替换"对话框

【提示】

单击最左侧【+】还能进一步细分图元，以此来精准地控制可见性。

2. 投影/表面线

对视图图元的投影/表面线颜色、宽度、填充图案进行设置。例如，设置楼板的颜色为蓝色，填充图案为隐藏，设置完成后在应用该视图样板的视图中所有的楼板都为蓝色隐藏线，如图 4-18 所示。

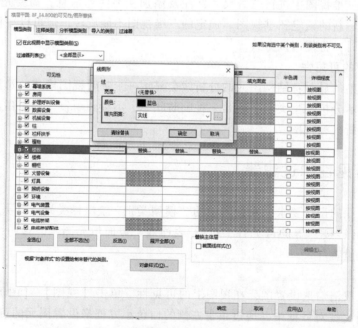

图 4-18　线图形替换及替换效果

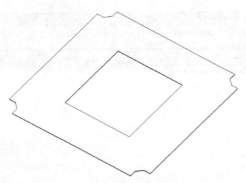

图 4-18　线图形替换及替换效果（续）

3. 详细程度

设置图元在视图中以粗略、中等或者精细程度显示。当在【可见性/图形替换】对话框中设置完成后，无论在状态栏下的详细程度如何设定，都以该视图的视图样板中的【可见性/图形替换】的设置为主，如图 4-19 所示。

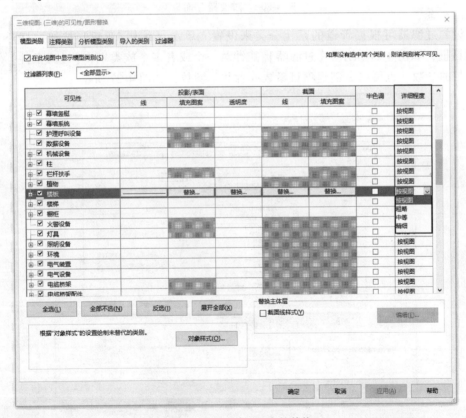

图 4-19　图元详细程度的替换

4. 过滤器

对于当前视图上的管道、管件和管道附件等，如需要通过某些原则进行隐藏或者区分显示，那么就可以使用【过滤器】功能。在【可见性/图形替换】对话框中最右侧为【过滤器】，如图 4-20 所示。

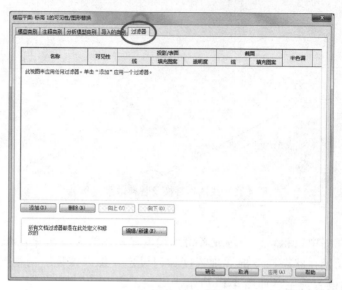

图 4-20　"过滤器"面板

预设的过滤器可根据管道的系统分类来设置。单击【编辑/新建】按钮，打开【过滤器】对话框，如图 4-21 所示。【过滤器】能针对一个或者多个族类别，【过滤条件】可以是系统自带的参数，也可以是创建项目参数或者共享参数，如图 4-22 所示。

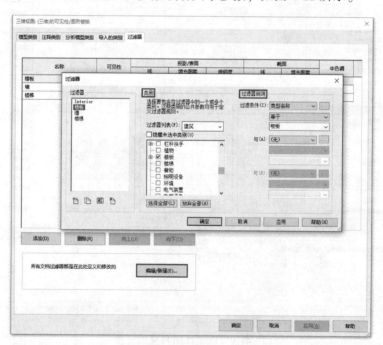

图 4-21　"过滤器"对话框

【提示】

过滤器里的线、填充图案和透明度设置与可见性设置中的操作方式一致；设置【过滤器规则】的时候需要注意的是，应该尽量避免与其他过滤器发生冲突，导致失效。

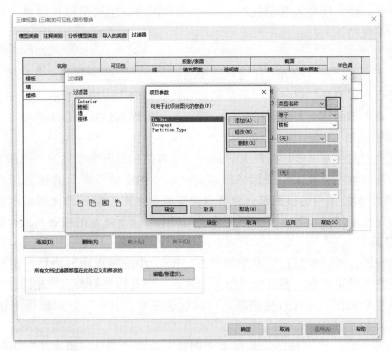

图 4-22　"过滤器"的过滤参数

4.4　视图创建和管理

Revit 视图有很多种形式，每种视图类型都有特殊用途，视图不同于 CAD 绘制的图纸，它是 Revit 项目中 BIM 模型根据不同的规则显示的投影。

常用的视图有平面视图、立面视图、剖面视图、详图索引视图、三维视图、图例视图和明细表视图等。同一项目可以有任意多个视图，例如，对于 F1 标高，可以根据需要创建任意数量的楼层平面视图，用于表现不同的功能要求，如 F1 梁布置视图、F1 柱布置视图、F1 房间功能视图和 F1 建筑平面图等。所有视图均根据模型剖切投影生成。

Revit 在"视图"选项卡的"创建"面板中提供了创建各种视图的工具，也可以在项目浏览器中根据需要创建不同视图类型。

4.4.1　视图创建

1. 楼层平面视图及天花板平面视图

楼层/结构平面视图及天花板平面视图是沿项目水平方向，按指定的标高偏移位置剖切项目生成的视图。大多数项目至少包含一个楼层/结构平面。楼层/结构平面视图在创建项目标高时默认可以自动创建对应的楼层平面视图（建筑样板创建的是楼层平面视图，结构样板创建的是结构平面视图）；使用"视图"选项卡"创建"面板中的"平面视图"工具可以手动创建楼层平面视图。

2. 立面视图

立面视图是项目模型在立面方向上的投影视图。在 Revit 中，默认每个项目将包含东、西、南、北 4 个立面视图，并在楼层平面视图中显示立面视图符号。双击平面视图中立面标记中黑色小三角，会直接进入立面视图。Revit 允许用户在楼层平面视图或天花板平面视图中创建任意立面视图。

3. 剖面视图

用户在平面视图、立面视图或详图视图中通过在指定位置绘制剖面符号线的方式，在该位置对模型进行剖切，并根据剖面视图的剖切和投影方向生成模型投影。剖面视图具有明确的剖切范围，单击剖面标头即将显示剖切深度范围，可以通过鼠标自由拖动。

4. 详图索引视图

当需要对模型的局部细节进行放大显示时，可以使用详图索引视图。可向平面视图、剖面视图、详图视图或立面视图中添加详图索引，这个创建详图索引的视图，被称之为“父视图”。在详图索引范围内的模型部分，将以详图索引视图中设置的比例显示在独立的视图中。详图索引视图显示父视图中某一部分的放大版本，且所显示的内容与原模型关联。

5. 三维视图

使用三维视图，可以直观查看模型的状态。Revit 中三维视图分两种：正交三维视图和透视图。在正交三维视图中，不管相机距离的远近，所有构件的大小均相同，可以单击快速访问栏“默认三维视图”图标直接进入，可以配合使用“shift”键和鼠标中键灵活调整视图角度，如图 4-23 所示。

如图 4-24 所示，使用“视图”选项卡“创建”面板“默认三维视图”下拉列表中“相机”工具，通过指定相机的位置和目标的位置，可以创建自定义的相机视图。相机视图默认将以透视方式显示。

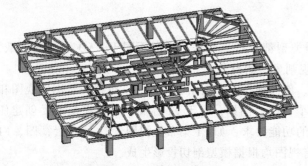

图 4-23　三维视图模型　　　　　　　图 4-24　三维视图下拉列表

4.4.2　视图范围管理

在楼层平面视图中，当不选择任何图元时，“属性”面板将显示当前视图的属性。在“属性”面板中单击“视图范围”后的“编辑”按钮，将打开“视图范围”对话框，如图 4-25 所示。在该对话框中可以定义视图的剖切位置。

该对话框中，各主要功能介绍如下：

1. 视图主要范围

每个平面视图都具有“视图范围”视图属性，也可称为可见范围。视图范围是用于控制视图中模型对象的可见性和外观的一组水平平面，分别称“顶部平面”“剖切面”和“底部平面”。“顶部平面”和“底部平面”用于确定视图范围最顶部和底部位置，“剖切面”是确定剖切高度的平面，这 3 个平面用于定义视图范围的“主要范围”。确定项目视图主要范围的参量有顶部、剖切面、底部、偏移量等，其位置示意如图 4-26 所示。

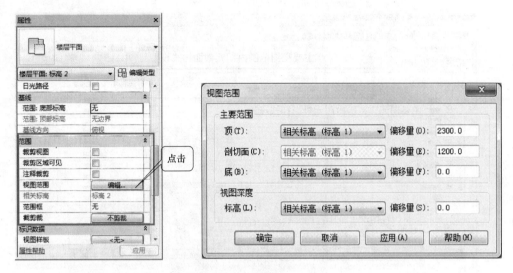

图 4-25　"视图范围"对话框

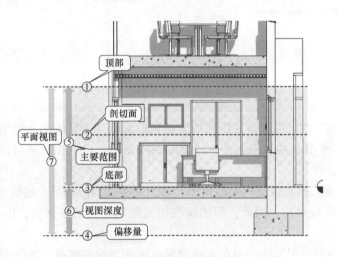

图 4-26　视图范围示意图

2. 视图深度范围

"视图深度"是视图范围外的附加平面，可以设置视图深度的标高，以显示位于底裁剪平面之下的图元，默认情况下该标高与底部重合。"主要范围"的底不能超过"视图深度"的标高设置范围，如图 4-25 所示。

3. 视图范围内图元样式设置

Revit 对于主要视图范围和附加视图深度范围内的图元采用不同的显示方式，以满足不同用途视图的表达要求。

"主要视图范围"内可见但未被视图剖切面剖切的图元，将以投影的方式显示在视图中。可以通过单击"视图"选项卡"图形"面板中"可见性/图形"工具，打开"可见性/图形替换"对话框，如图 4-27 所示，通过设置"投影/表面"类别中线、填充图案等，控制各类别图元在视图中的投影显示样式。

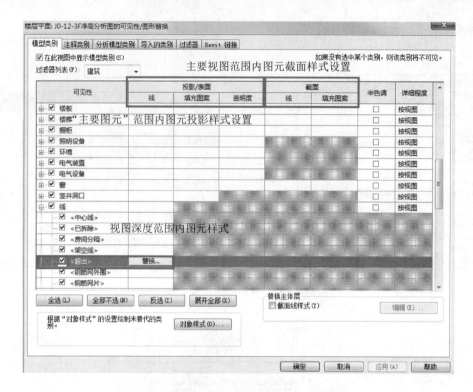

图 4-27　"可见性/图形替换"对话框

"主要视图范围"内可见且被视图剖切面剖切的图元，如果该图元类别允许被剖切（例如墙、门窗等图元），图元将以截面的方式显示在视图中，可以在上述对话框设置截面显示样式。

注意，卫浴装置、机械设备类别的图元，如坐便器、消防水泵、消防水箱等，由于该图元类别被定义为不可被剖切，因此，即使这类图元被视图剖切面剖切，Revit 仍以投影的方式显示该图元。

"深度范围"附加视图深度中的图元将投影显示在当前视图中，并以<超出>线样式绘制位于"深度范围"内图元的投影轮廓。可以在"可见性/图形替换"对话框"模型"选项卡中，找到"线"类别，并在该子类别中查看和修改<超出>线样式。还可以在"管理"选项卡"设置"面板的"其他设置"下拉列表中，单击"线样式"，在对话框中对<超出>线样式进行设置。

天花板视图与楼层平面视图类似，同样沿水平方向指定标高平面对模型进行剖切生成投影，但天花板视图与楼层平面视图观察的方向相反：天花板视图为从剖切面的位置向上查看模型进行投影显示，而楼层平面视图为从剖切位置向下查看模型进行投影显示。如图 4-28 所示，为天花板平面的视图范围定义。

图 4-28　天花板平面的视图范围

4.4.3　视图样板

视图样板是视图属性的集合，视图比例、规程、详细程度等都包含在视图样板中。Revit 提供了多个视图样板，用户可以直接使用，或者基于这些样板创建自己的视图样板，设置完成后可以通过"传递项目标准"在多个项目间使用。设置和应用默认视图样板的步骤如下：

（1）单击功能区中【视图】→【视图样板】→【管理视图样板】，在打开的【视图样板】对话框中设置，如图 4-29 所示。

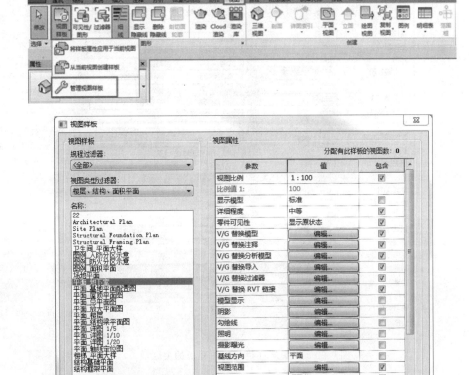

图 4-29　"视图样板"对话框

注：①"V/G 替换模型"是指应用此视图样板后模型所能看到的模型类别。②"V/G 替换注释"是指应用此视图样板后模型所能看到的注释类别。③"V/G 替换分析模型"是指应用此视图样板后模型所能看到的分析模型类别。④"V/G 替换导入"是指应用此视图样板后模型所能看到的导入的类别。⑤"V/G 替换过滤器"是指应用此视图样板后模型会通过某些原则进行隐藏或者区分显示。

【提示】

以上 1~5 功能对应可见性设置的功能，应用了视图样板后模型的可见性设置、图形显示选项等只能在视图样板中更改，如图 4-30 所示。

（2）在【规程过滤器】和【视图类型过滤器】的下拉列表中选择【<全部>】，如图 4-31 所示，显示所有的默认视图样板，然后选中需要进行设置的默认视图样板，并在右侧的

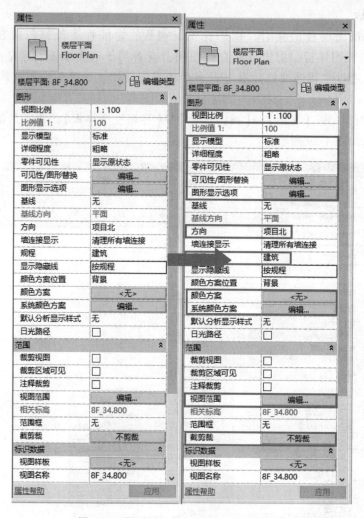

图 4-30　视图属性栏与视图样板的关联项

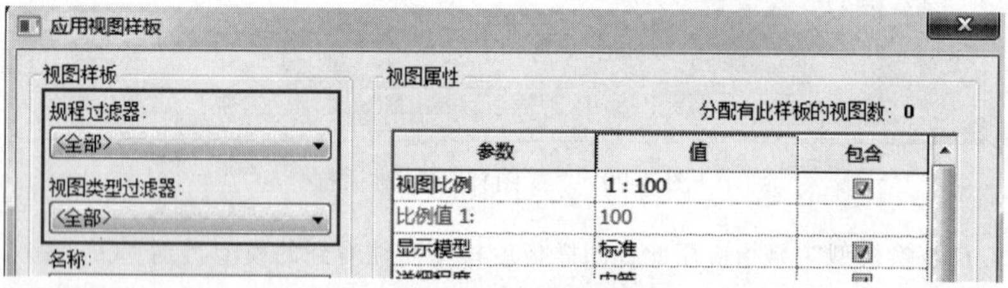

图 4-31　应用视图样板

【视图属性】列表中进行设置，设置完成后单击"确定"按钮。

4.5　项目样板

为了统一制作环境和出图标准，同时减轻重复工作量，一般项目制作前期，需要进行项目样板的设置和素材内容补充。项目样板对于不同单位和项目差异较大，既有建模环境和对象样式设置方面的内容，也有制作素材如常用族准备方面的内容，以下的各小节仅是反映项目样板制作的常规工作。

4.5.1 项目浏览器的设置

项目浏览器是浏览项目内容的窗口菜单，特别是上半部分视图，包括楼层平面、三维视图、立面、剖面、详图视图等，在项目制作过程中需要频繁调用和切换，因此需要根据项目需求设置好。

项目浏览器组织：单击【视图】→【用户界面】→【浏览器组织】，在"浏览器组织"中新建或使用现有组织，进行编辑，如图 4-32 所示。

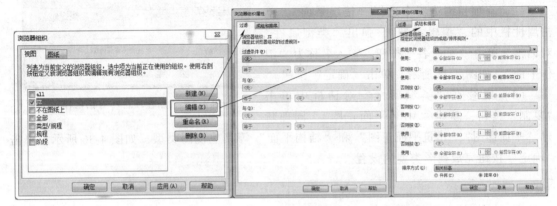

图 4-32　项目浏览器组织（一）

考虑到专业本身的分工以及专业之间的协同，所以应考虑设置符合专业特点的浏览器组织。表 4-1 是建筑专业视图组织参考，图 4-33 是其中一种考虑了建筑与其他专业协同的视图组织方式。

表 4-1　建筑专业视图组织参考

视图名称	内容
楼层平面	建筑出图平面、建筑工作平面、结构工作平面、MEP 工作平面、平面详图
立面	建筑出图立面、建筑工作立面、立面详图
剖面	建筑出图剖面、建筑工作剖面
详图视图	剖面详图
三维视图	轴测图、透视图
图例	立面外装修材料、门窗
明细表/数量	图纸列表、房间明细表、窗明细表、门明细表、面积明细表
图纸	A0、A1、A2、A2 加长、A3、A3 加长
族	略
组	略
Revit 链接	略

图 4-33　项目浏览器组织（二）

【提示】

总平面视图已包含在平面视图当中。

详图视图默认比例为 1：50，总平面视图默认。比例为 1：500，其他视图默认比例为 1：100。

具体设置方法如下：

（1）通过软件界面左上角图标新建项目，弹出的"新建项目"对话框，样板文件选择"建筑样板"，"新建"选择"项目样板"，如图 4-34 所示，单击"确定"按钮新建样板。

图 4-34 "新建项目"对话框样板

（2）在项目浏览器中选择"楼层平面"，单击属性栏中的"编辑类型"，弹出"类型属性"对话框，单击"重命名"按钮，输入名称为"工作平面"，如图 4-35 所示，单击"确定"按钮。

（3）继续在"类型属性"对话框中单击"复制"按钮，新建"MEP 平面正图"。同理新建"平面详图""建筑平面正图"和"结构平面"等其他视图类型，如图 4-36 所示。单击"确定"按钮完成视图类型的设置。

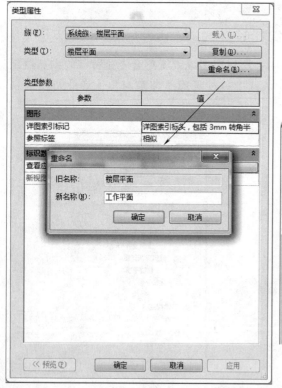

图 4-35 "类型属性"对话框

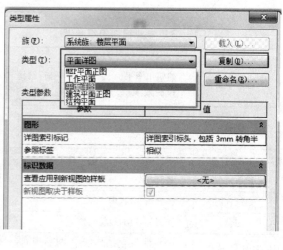

图 4-36 复制新的楼层平面类型

（4）单击【视图】→【创建】→【平面视图】→【楼层平面】，在对话框的列表中选择"建筑平面正图"，然后再选择"标高 1"和"标高 2"，如图 4-37 所示。单击"确定"按钮。

同理新建"平面详图""结构平面"和"MEP 平面正图"等其他类型的平面视图，新建完毕后的项目浏览器如图 4-38 所示。

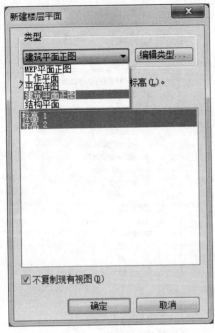

图 4-37　新建楼层平面

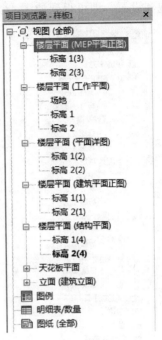

图 4-38　浏览器视图结构示例

（5）单击【视图】→【窗口】→【用户界面】→【浏览器组织】，在"浏览器组织"对话框中新建浏览器组织"JZ"，然后在弹出的对话框中按照如图 4-39 所示进行设置。

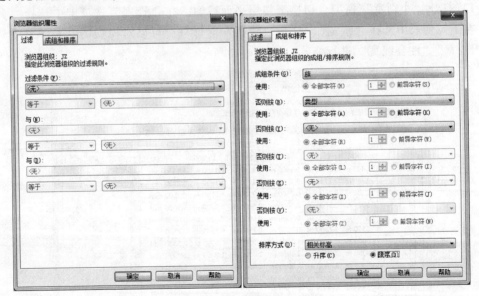

图 4-39　设置浏览器组织属性

（6）在"浏览器组织"对话框中勾选"JZ"，单击"确定"按钮，此时项目浏览器结构如图 4-40 所示。

（7）根据需要对各平面视图进行重命名和增减，以及用同样的方法（编辑"视图族"类型、通过"视图"选项卡的"创建"面板创建视图）对立面视图、剖面视图和详图视图进行创建和设置，即可得到如图 4-41 所示浏览器组织结构。

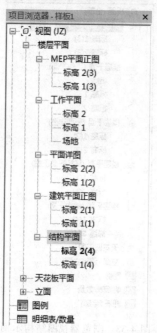 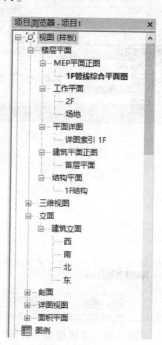

图 4-40　浏览器组织属性修改后效果　　　　图 4-41　浏览器组织结构示例

4.5.2　线型与线宽设置

（1）打开"小别墅"模型，切换至楼层平面视图，在"管理"选项卡中选择"其他设置"，在下拉列表中选择"线宽"，打开"线宽"对话框，可以对模型的"模型线宽""透视视图线宽""注释线宽"进行修改，如图 4-42 所示。

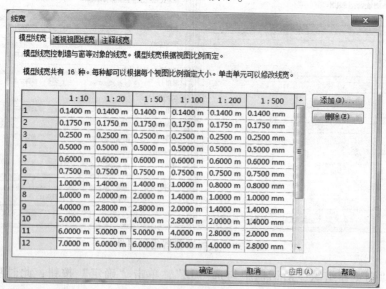

图 4-42　修改线宽

（2）在"管理"选项卡中选择"其他设置"，在下拉列表中选择"线型图案"，弹出"线型图案"列表，如图 4-43 所示。

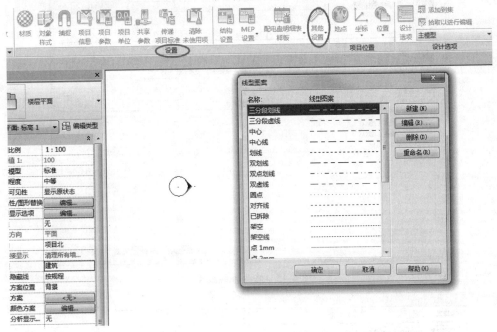

图 4-43　修改线型图案

（3）"线型图案"列表框中显示了当前在项目中可选用的所有线型图案的名称和样式。选择"新建"，如图 4-44 所示，对新建线型图案进行设置，在名称栏中输入"虚线 1"作为新图案的名称。在列表中的第一行设置类型为"划线"，值为"6mm"；第二行设置为"空间"，值为"0.6mm"；设置第三行为"圆点"，值不设置；第四行设置为"空间"，值为"0.6mm"，完成后单击"确定"按钮返回"线型图案"列表，再次单击"确定"按钮退出。

（4）返回到平面视图，在视图中选择任意轴线，选择"属性"列表中的"编辑类型"，把"轴线末段填充图案"线型修改为刚设置好的"虚线 1"样式，"轴线末段宽度"值设置为 2，其他参数不做修改，如图 4-45 所示。此时在视图中将轴网都变为刚刚设置好的"虚线 1"样式（此处仅作示范，不一定符合项目需要）。

图 4-44　新建线型图案

4.5.3　对象样式设置

（1）打开"小别墅"模型，切换到 1F 楼层平面视图，在"管理"选项卡中选择"其他设置"，在弹出的列表中选择"对象样式"，在"对象样式"对话框内分别显示了投影线宽、截面线宽、线颜色、线型图案和材质等，如图 4-46 所示。

（2）在"对象样式"对话框中打开"墙"类别，选择"新建"，此时弹出如图 4-47 所示"新建子类别"对话框，在"名称"文本框中输入"装饰条"作为子类别名称，确认子

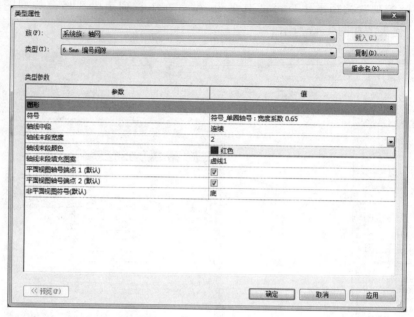

图 4-45　修改轴线线型

图 4-46　"对象样式"对话框

类别为"墙",完成后返回对话框。

(3) 对墙饰条进行样式修改,把"投影线宽"设置为 1,"截面线宽"设置为 2;"线颜色"修改为"黄色",线型图案修改为"实心"。完成后单击"确定"按钮退出对象样式。

(4) 选择任意墙饰条图元,在"属性"中打开"编辑类型",将"标识数据"中的"墙的子类别"修改为"墙饰条"确定退出,此时就完成了样式更改。

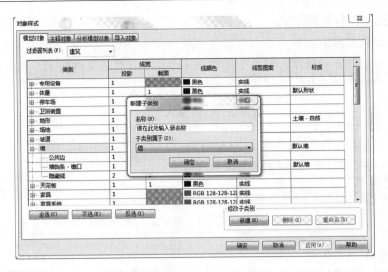

图 4-47   "新建子类别"对话框

以上是抽取了局部的对象样式进行设置示范,具体用户
可根据需要进行更多的设置。

4.5.4   视图样板设置

(1)打开"小别墅"项目,切换至 1F 楼层平面视图,
在平面视图"属性"中选择"视图样板"如图 4-48 所示。

(2)应用视图样板如图 4-49 所示,可以在里面进行视图
比例、模型显示、详细程度、视图范围等一系列的修改,具
体的修改可根据项目的需要进行设置,在此不再赘述。

图 4-48   视图样板选项

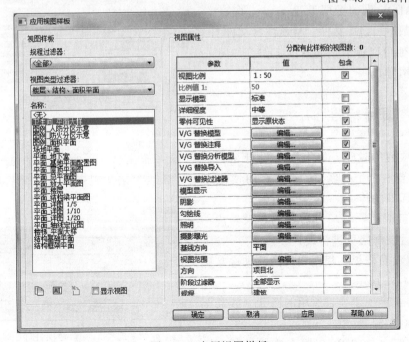

图 4-49   应用视图样板

4.5.5　模型族和注释族的准备

一些常用的模型族和注释族考虑直接载入项目样板，这些族按照出图标准制作和设置，能够较大程度地提升工作效率，但由于族的载入会使项目样板文件较大，影响运行效率，所以需要控制好族载入的数量。具体族的类型可参考表 4-2。

表 4-2　Revit 基本族内容

模型族	注释族
3D 构件族:墙体、门窗、梁柱、楼板、天花板、屋顶、幕墙、楼梯、栏杆扶手、电梯等 2D 构件族:主要是厨房和卫生间的器具,包括小便器、蹲便器、坐便器、洗手盆、蹲间等	尺寸标注族:对齐、线性、角度、径向、直径、弧长、高程点、高程点坡度等 详图族:填充区域、详图构件、详图重复构件等 文字族、标记族 符号族:标高、指北针、索引符号等

对于族要建立规范的命名规则，不仅能够提高建模效率，而且还能方便后期的标记和明细表统计，如图 4-50 所示为其中一种门窗的命名规则示例。

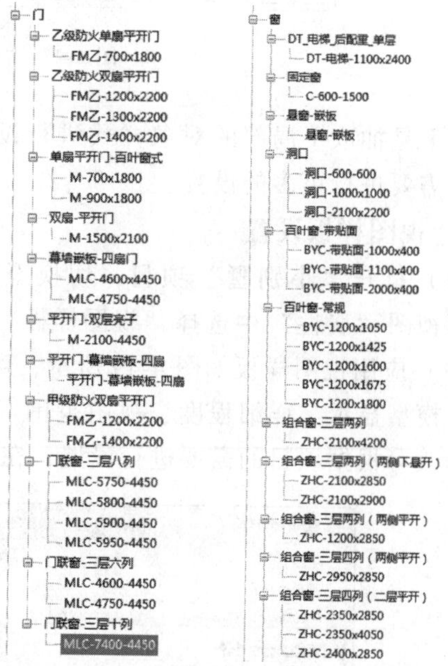

4.5.6　其他项目样板设置内容

项目样板除了上述设置和素材内容准备外，根据需要还可考虑如下设置：

（1）预置明细表（门窗明细表、材料表等）。

（2）二维族的设置（门窗标记、房间标记、轴号、标高等）。

（3）CAD 导出的图层设置 * . txt 文件、项目共享参数的 * . txt 文件，材质注释文件。

（4）其他可以标准化的设计工作，如图纸预设、视图预设等。

图 4-50　门窗命名规则

4.6　传递项目标准

在进行项目的时候，如果同一设计单位或者同一施工方，一些标准都是一样的，在Revit 就不需要一个个的新建，可以利用"传递项目标准"来实现资源共享。下面有两种方法实现项目标准的传递。

（1）项目样板：将项目需要的要求做成一个框架，然后在框架里进行设计、绘图。

1）新建项目样板，根据项目的需求选基础样板，如图 4-51 所示。

2）在样板里创建项目通用的图元、族甚至轴网等，如图 4-52 所示。

3）单击左上角的 Revit 标志选择另存为样

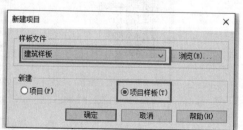

图 4-51　新建项目样板

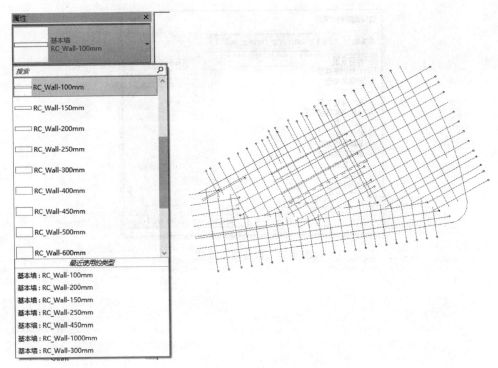

图 4-52 预设墙类型和轴网

板，文件名可根据需求来修改，文件类型须为项目样板，如图 4-53 所示。

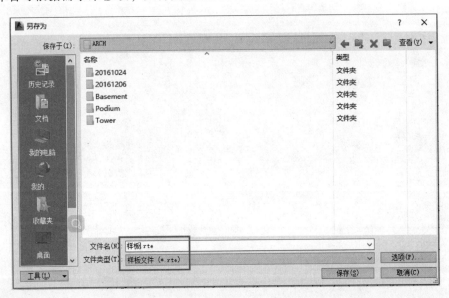

图 4-53 保存为样板文件

（2）利用【管理】选项卡中的【传递项目标准】进行传递。同时打开需要传递的项目和被传递的项目（以链接的形式同时打开也可在同一个 Revit 同时打开），如图 4-54 所示。

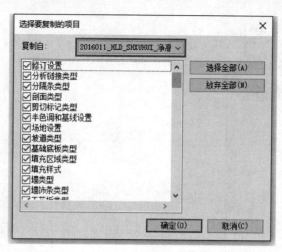

图 4-54　传递项目标准

第 5 章 尺寸标注、文字和标记

5.1 尺寸标注

在项目样板中，合理设置尺寸标注的属性，便于在进行尺寸标注时方便快捷地选择统一的标注样式。

5.1.1 对齐、线性尺寸标注设置

对于"对齐尺寸标注"和"线性尺寸标注"，只需要设置其中的一种，另一种在标注时即可选择设置好的标注样式。

（1）单击"注释"选项卡→"对齐"，单击"属性"对话框中的"编辑类型"，打开"类型属性"对话框，通过设置类型属性中的参数，来设置对齐标注的外观样式，如图 5-1 和图 5-2 所示。

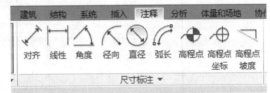

图 5-1 尺寸标注工具

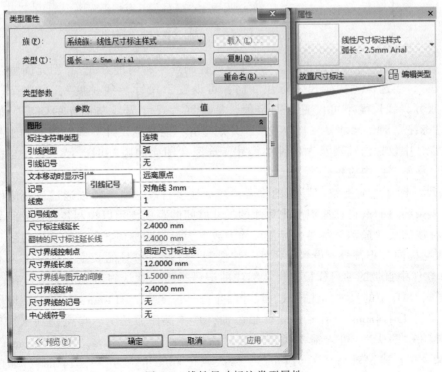

图 5-2 线性尺寸标注类型属性

（2）在类型属性中，主要参数表示的意义如图 5-3 所示。

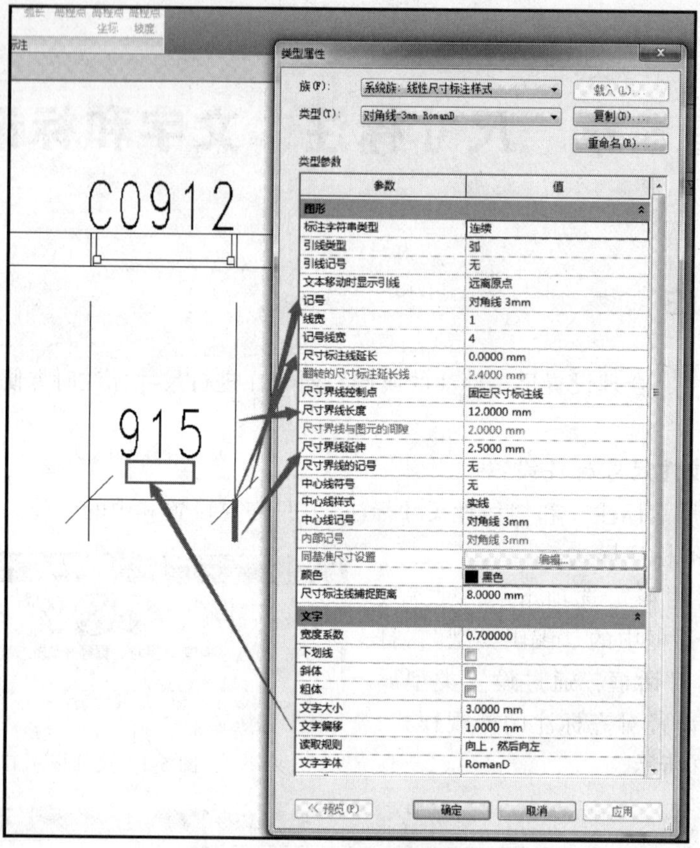

图 5-3　线性尺寸标注的参数说明

1）"尺寸界线控制点"的设置。"尺寸界线控制点"有两种方式："图元间隙"和"固定尺寸标注"，当选择"固定尺寸标注"时，可设置"尺寸界线长度"；当选择"图元间隙"时，尺寸界线长度不可设置为固定值，是设置"尺寸界线与图元的间隙"值。选择"固定尺寸标注"时，尺寸界线长度统一，外观整齐，能减少尺寸界线对图元的干扰，通常用于方案设计中仅标注轴网及大构件的尺寸。选择"图元间隙"时，尺寸界线与标注图元关系紧密，在施工图中应用较多。

2）"尺寸标注线捕捉距离"值的设置。当标注多行尺寸时，可以通过设定值使后标注的尺寸可以按约定的值自动捕捉与先标注的尺寸之间的距离，用以控制各行尺寸间的间距相同。当后标注的尺寸拖动至距离先标注尺寸上或下为设定距离值，将会出现定位线。

3）尺寸标注起止符号的设置。尺寸标注根据尺寸起止符号的长度，可设置为不同的类型。Revit 软件中自带的项目样板，尺寸标注的记号类型，默认斜短线的类型只有"对角线 3mm"，根据 CAD 中的尺寸标注样式，尺寸起止符号长度为 1.414mm，尺寸标注记号类型中没有"对角线 1.414mm"，需要在软件中添加，具体操作方法为：单击选项卡"管理"→"其他设置"→"箭头"，进入箭头类型设置对话框后，选择类型为"对角线 3mm"，通过"复制"命令，新建"对角线 1.414mm"，修改"记号尺寸"为"1.414mm"，如图 5-4 所示。设置完成记号"对角线 1.414mm"后，即可在尺寸标注样式中，选择该记号类型。

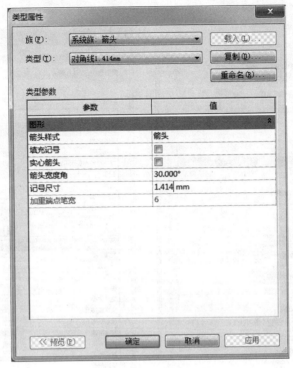

图 5-4　修改箭头尺寸

【提示】

根据《房屋建筑制图统一标准》（GB/T 50001—2017），图样上的尺寸，尺寸界线应用细实线绘制，尺寸起止符号一般用中粗斜短线绘制，其倾斜方向应与尺寸界线呈顺时针45°角，长度宜为2~3mm；尺寸界线一端应离开图样轮廓不小于2mm，另一端宜超出尺寸线2~3mm；平行排列的尺寸线的间距，宜为7~10mm，并应保持一致。

5.1.2　角度尺寸、径向尺寸、直径尺寸、弧长尺寸标注设置

根据《房屋建筑制图统一标准》（GB/T 50001—2017），半径、直径、角度与弧长的尺寸起止符号，宜用箭头表示。

（1）角度尺寸标注的设置。单击"注释"选项卡→"角度"→单击"属性"对话框中的"编辑类型"，打开"类型属性"对话框，通过设置类型属性中的参数，来设置角度标注的外观样式，主要参数设置如图5-5所示，角度的标注样式如图5-6所示。

（2）径向尺寸标注的设置。单击"注释"选项卡→"径向"，单击"属性"对话框中的"编辑类型"，打开"类型属性"对话框，通过设置类型属性中的参数，来设置径向标注的外观样式，其中，"中心标记"参数控制尺寸在中心标记的可见性，"中心标记尺寸"控制十字形中心标记的大小，主要参数设置如图5-7所示，径向尺寸标注样式如图5-8所示。

（3）直径尺寸标注。单击"注释"选项卡→"直径"，单击"属性"对话框中的"编辑类型"，打开"类型属性"对话框，通过设置类型属性中的参数，来设置直径标注的外观样式。在此，需要注意的是，当直径的字体设置为"仿宋"时，直径符号不可见，因此，直径的文字字体宜设置为宋体。主要参数设置如图5-9所示，直径尺寸标注样式如图5-10所示。

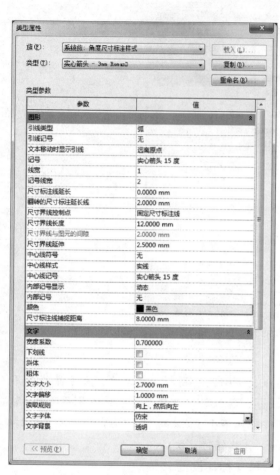

图 5-5　角度尺寸标注属性设置

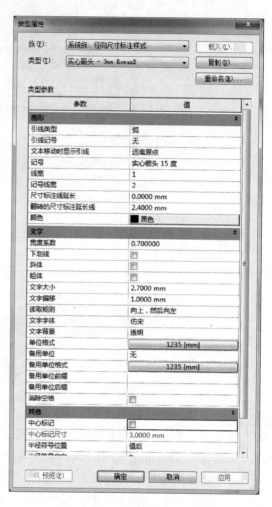

图 5-7　径向尺寸标注属性设置

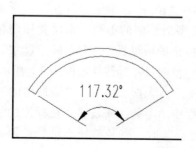

图 5-6　角度尺寸标注样式示例

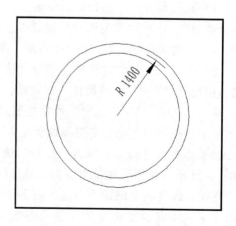

图 5-8　径向尺寸标注样式示例

　　（4）弧长尺寸标注。单击"注释"选项卡→"弧长"，单击"属性"对话框中的"编辑类型"，打开"类型属性"对话框，通过设置类型属性中的参数，来设置弧长标注的外观样式，主要参数设置如图 5-11 所示，弧长尺寸标注样式如图 5-12 所示。

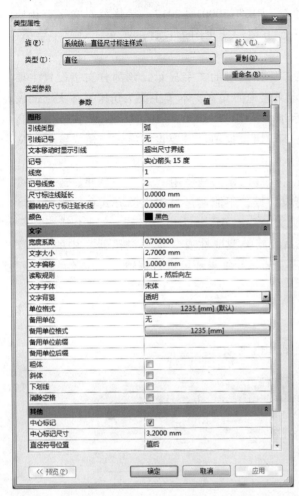

图 5-9　直径尺寸标注属性设置　　　　　　　　图 5-11　弧长尺寸标注属性设置

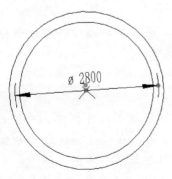

图 5-10　直径尺寸标注样式示例

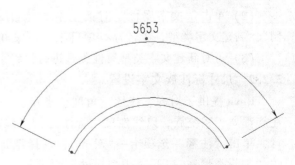

图 5-12　弧长尺寸标注样式示例

5.2　文字

在二维制图中，《房屋建筑制图统一标准》（GB/T 50001—2017）等规范对文字有相应的规定。在 Revit 中，为实现与二维制图统一，方便后期出图等设计的需求，对文字字体、字高、宽度系数等参数进行相应设置。

在 Revit 中，涉及的文字应用主要体现为二维出图时的文字显示，该部分文字设置主要为族文字。族文字包括系统族中的文字和自定义族中的文字，本节主要为仿宋字体文字的设置，字体大小参考《房屋建筑制图统一标准》（GB/T 50001—2017）推荐字号：字高3.5mm、5mm、7 mm、10mm、14mm、20mm 等，可根据项目需要设置字体，建立统一的文字命名规则。

在 Revit 中，基本的图形单元被称为图元，这些图元都是使用"族"来创建。族通常可分为两类，一类为系统族，即为 Revit 中自开发的族，不能通过自定义的方式在族编辑环境中进行编辑，例如墙体、尺寸标注、楼梯箭头文字等；另一类为自定义族，例如指北针符号族、标注符号族等。系统族中的文字需要在系统族类型属性或"项目浏览器"中的"族"类别中进行族编辑，自定义族中的族文字则需要通过族编辑环境进行编辑。

5.2.1　系统族文字设置

注释文字属于系统族，所以其修改和新建需要在项目环境中进行，通过新建、重命名等方式进行文字的自定义设置。

（1）单击"注释"选项卡→"文字"，如图 5-13 所示。

图 5-13　"文字"工具

（2）单击"文字属性"对话框中的"编辑类型"。在"类型属性"对话框单击"复制"，新建文字类型，命名为××项目-3.5-仿宋-0.7。

（3）可对新建文字类型属性参数进行设置，如图 5-14 所示。

5.2.2　尺寸标注族文字设置

Revit 提供了对齐、线性、角度、半径、弧长等不同形式的尺寸标注，所有的尺寸标注族都属于系统族，以线性尺寸标注为例，编辑其文字需要在尺寸标注族类型属性中进行，单击"注释"选项卡→"对齐"，选择需要的尺寸标注样式。单击"属性"对话框中的"编辑类型"，打开"类型属性"对话框，对字体、字高、宽度系数等进行设置，如图5-15 所示。

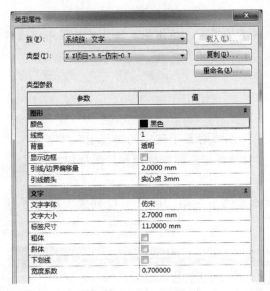

图 5-14 新建文字类型

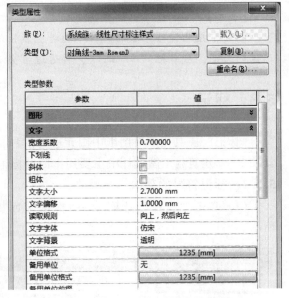

图 5-15 尺寸标注文字设置

【提示】

可根据项目实际需要，对尺寸标注文字字体、字高、宽度系数等进行设置；其他尺寸标注样式族文字设置方法与线性标注族文字设置方法类同。

5.2.3 自定义族文字设置

Revit 中，自定义族常包含文字，为了满足项目的表现需要，可对自定义族文字进行设置，一般在族编辑环境中对自定义族文字的类型属性进行设定，以实心指北针符号族为例，对文字"N"进行编辑。

（1）单击"插入"选项卡→"载入族"→"注释"→"符号"→"建筑"，找到指北针符号族并载入项目中，接着单击"注释"选项卡→"符号"，即可绘制指北针。

（2）选中指北针符号族，单击"修改"选项卡中的"编辑族"，进入族环境，如图5-16所示。

（3）单击选择文字"N"，在"属性"对话框中单击"编辑类型"，进入"类型属性"对话框，根据项目文字规定，编辑该文字类型属性，如图 5-17 所示。

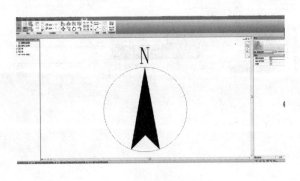

图 5-16 编辑族

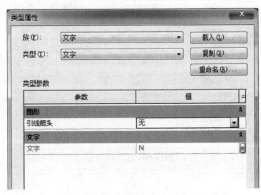

图 5-17 编辑文字类型属性

【提示】

　　本例中指北针符号族的"N"的类型属性编辑不了字高、字体等属性，若想得到能编辑属性的文字，可以把"N"删除，再通过"创建"选项卡添加文字，继而修改类型属性。

5.3　标记

　　"标记"工具用于对图纸中图元进行注释，并将注释附着于选定的图元上。"标记"工具在 Revit 建筑施工图设计中主要用于门窗标记、材质标记、面积标记和房间标记等地方。

5.3.1　标记符号的载入

　　(1) 单击"注释"选项卡→"标记"面板的黑色小三角，展开下拉列表，如图 5-18 所示。

图 5-18　"标记"面板下拉列表

　　(2) 单击"标记"下拉列表中的"载入的标记和符号"按钮，弹出"载入的标记和符号"对话框，如图 5-19 所示。

　　(3) 在过滤器列表中，选择标记所属类别，在下面框中，就会显示专业下每个类别的名称以及该类别对应的当前项目中载入的标记。例如，在过滤器列表中选择"建筑"类别，单击"窗"类别一行中已有的标记，弹出标记选择下拉列表，如图 5-20 所示，选中合适的窗标记注释。完成后单击"确定"按钮，即可完成窗标记族的载入以及窗标记的设置。

图 5-19　"载入的标记和符号"对话框　　　　　图 5-20　窗标记

5.3.2 按类别标记

按类别标记用于根据图元类别将标记附着到图元中。

（1）用建筑样板新建一个项目文件，切换至"标高 1"楼层平面视图，单击"建筑"选项卡的"墙"命令，在绘图区域绘制一段墙，并在墙上放置一个窗，如图 5-21 所示。

图 5-21　绘制窗

（2）单击"注释"选项卡→"标记"面板→"按类别标记"工具。根据需要对"修改｜标记"选项栏进行设置，这里默认即可，如图 5-22 所示。

图 5-22　"修改｜标记"选项栏

【提示】

建筑制图中门窗标记一般不需要引线，所以也可考虑取消"引线"单选框的选择。

（3）将鼠标指针移至绘图区域中，放在窗图元上，窗被选中将高亮显示，此时单击以放置标记，如图 5-23 所示。在放置标记之后，将处于编辑状态，此时可以编辑标记。

5.3.3 全部标记

如果视图中的部分或全部图元没有标记，则通过"全部标记"即可一次性将标记和符号应用到所有未标记的图元，该功能非常有用。

（1）创建一个新文件，单击"建筑"选项卡的"墙"命令，在绘图区域绘制几段墙，并在墙上放置多个窗和门，如图 5-24 所示。

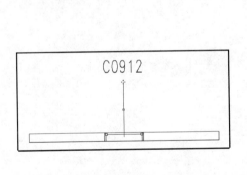

图 5-23　放置标记

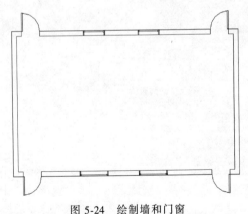

图 5-24　绘制墙和门窗

（2）单击"注释"选项卡→"标记"面板→"全部标记"工具，弹出"标记所有未标记的对象"对话框，如图 5-25 所示。

（3）指定标记对象。在该对话框中，按住"Ctrl"键加选窗和门类别，单击"确定"按钮退出对话框。可以看到门和窗全部被标记，如图 5-26 所示。

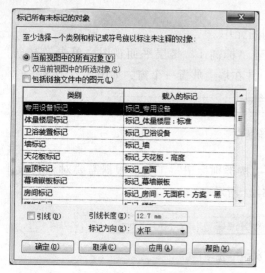

图 5-25 "标记所有未标记的对象"对话框

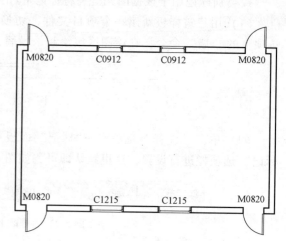

图 5-26 标记所有门窗

第6章 房间和面积

为表示项目模型中的房间分布、房间面积等信息，可以使用 Revit 的房间工具创建房间，并通过房间标记和明细表视图统计项目房间信息。Revit 还提供了面积平面工具，用于创建专用面积平面视图，统计项目占地面积、套内面积和户型面积等信息，可以根据房间边界、面积边界自动搜索并在封闭空间内生成房间和面积。

6.1 房间

在模型中创建房间对象必须具有封闭的边界。在 Revit 中，墙、结构柱、建筑柱、楼板、幕墙、建筑地坪、房间分隔线等图元对象均可作为房间边界。Revit 可以自动搜索闭合的"房间边界"，并在闭合房间边界区域内创建房间。在创建房间时可以同时创建房间标记，并在视图中显示房间信息，比如房间名称、面积、体积等。

房间布置的基本过程：设置房间面积、体积计算规则；放置房间；放置或修改房间标记。

（1）在空间布置前，首先在平面视图中对房间进行空间划分，如图 6-1 所示。本案例学习文件已将上述内容准备好。

（2）单击"建筑"选项卡"房间和面积"面板中的黑色小三角形，展开下拉面板，单击"面积和体积计算"工具，如图 6-2 所示。

（3）如图 6-3 所示，在"计算"选项卡中确认体积计算方式为"仅按面积（更快）"，即仅计算面积而不计算房间体积；设置房间面积计算规则为"在墙核心层"，即按国内规定的墙面位置作为房间边界线计算面积。完成后单击"确定"按钮，退出"面积和体积计算"对话框。

（4）如图 6-4 所示，单击"建筑"选项卡"房间和面积"面板中的"房间"工具，将切换至"修改 | 放置房间"选项卡，进入放置房间模式。设置"属性"面板"类型选择器"中的房间标记类型为"标记_

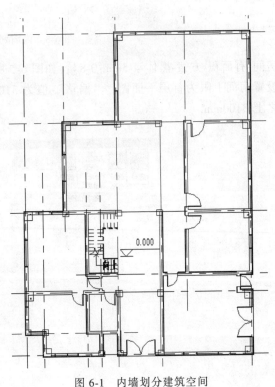

图 6-1 内墙划分建筑空间

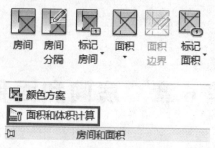

图 6-2　面积和体积计算

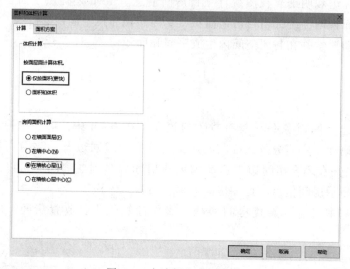

图 6-3　内墙划分建筑空间

房间-有面积-方案-黑体-4-5mm-0-8"；如图 6-5 所示，确认激活"在放置时进行标记"选项。设置房间上限为首层平面图，"偏移"值为 3100mm，即房间高度到达当前视图首层平面图之上 3100mm。

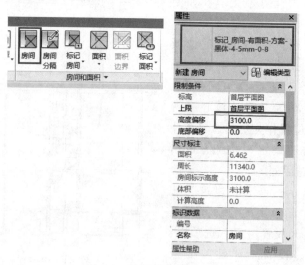

图 6-4　使用"房间"工具

（5）单击"修改 | 放置房间"选项卡中的"高亮显示边界"工具，可以高亮显示视图中所有可以作为房间边界的图元，如图 6-6 所示。

图 6-5 在放置时进行标记

图 6-6 高亮显示边界

（6）如图 6-7 所示，鼠标指针移动至任意房间内，Revit 将以蓝色显示自动搜索到的房间边界。单击放置房间，同时生成房间标记显示房间名称和该房间面积。按 "Esc" 键两次退出放置房间模式。在没有设置房间颜色方案前，房间对象默认是透明的，在选择房间图元后房间边界将会高亮显示。

（7）在已创建"房间"对象的房间内移动鼠标指针，当房间对象亮显时单击选择房间，注意不要选择房间标记。在"属性"面板中，"编号"功能主要用于定义房间编号，方便后期统计房间数据。修改房间"编号"参数值为 01，设置"名称"为"车库"，单击"应用"按钮后该房间标记名称被自动修改为"车库"，如图 6-8 所示。

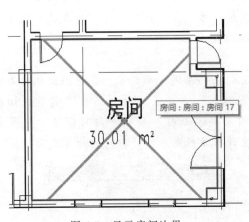

图 6-7 显示房间边界

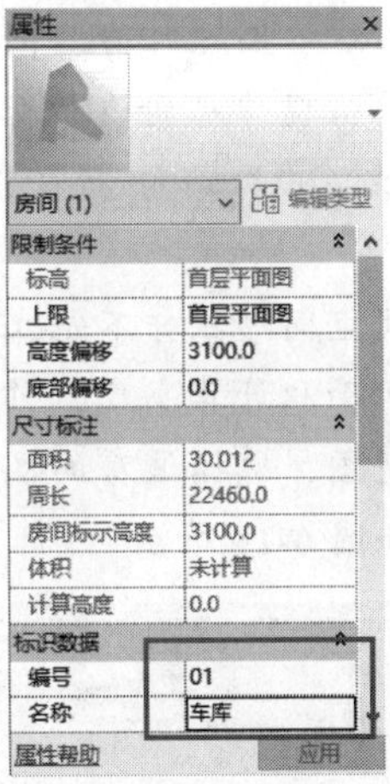

图 6-8 修改房间的编号与名称

【提示】

也可以双击标记中的房间名称，进入标记文字编辑状态修改房间名称，其效果与修改实例参数名称完全一致。同时房间标记还可以进行删除、移动等操作，但是需注意的是房间标记和房间对象是两个不同的图元，即使删除了房间标记，房间对象还是存在的。

（8）使用房间工具及相同的设置方式添加其他房间并依次重新命名各房间名称。注意起居室临近的餐厅与走道空间关系（图 6-9），因只有三面围合

图 6-9 某住宅平面图

并未形成正确的封闭区域，因此需要采用"房间分隔"工具手动添加正确的房间边界。

（9）单击"建筑"选项卡"房间和面积"面板中的"房间分隔"工具，如图 6-10 所示，进入放置房间分隔模式。确认绘制模式为"直线"，按图 6-11 沿起居室与走道间位置绘制房间分隔线，完成后按"Esc"键退出绘制模式。再次使用"房间分隔"工具，移动鼠标指针至起居室范围房间，此时 Revit 将沿墙表面及绘制的房间边界生成房间。

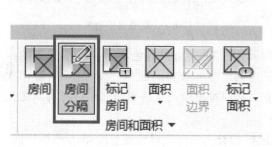

图 6-10　使用"房间分隔"命令

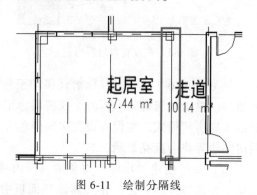

图 6-11　绘制分隔线

【提示】

Revit 中的墙、结构柱、建筑柱、幕墙等图元对象可以作为房间边界，但是某些时候会遇到避免使用这些图元作为房间边界的情况，例如，房间内的结构柱，在统计房间面积时不希望将结构柱被视作房间边界而扣除该部分面积。解决办法是选择作为房间边界的结构柱图元，在"属性"中取消勾选"房间边界"，如图 6-12 所示。

【提示】

遇到房间空间形状并不是立方体的，比如带有斜墙的房间，那么在计算房间面积时必须指定一个房间面积计算高度，作为房间面积计算的依据。要设置"计算高度"需首先切换至立、剖面视图，选择该房间图元的基准标高，在标高"属性"面板中即可设置"计算高度"参数，如图 6-13 所示。"计算高度"参数是在计算该标高房间面积时的计算截面位置。

图 6-12　房间边界选项

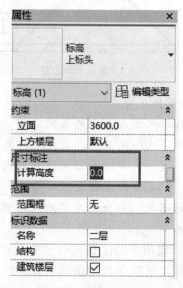

图 6-13　计算高度设置

如果选择"自动计算房间高度"选项，则 Revit 会按楼层平面视图范围设置中的剖切面位置计算房间面积。

6.2　面积方案

添加房间后，可以在视图中添加房间图例，并采用颜色块等方式，用于更清晰的表现房间范围、分布等。下面继续为案例项目添加房间图例。

（1）单击"建筑"选项卡"房间和面积"面板中的黑色三角形，展开"房间和面积"下拉面板，单击"颜色方案"工具后进行房间图例方案设置，如图 6-14 所示。在弹出的"编辑颜色方案"对话框的左侧方案列表中选择"方案 1"；在方案类别中，修改"空间"为"房间"，选择"颜色"列表为"名称"，即按房间名称定义颜色。弹出"不保留颜色"对话框，提示用户如果修改颜色方案定义将清除当前已定义颜色，单击"确定"按钮确认；在颜色定义列表中自动为项目中所有房间名称生成颜色定义，完成后单击"确定"按钮，完成颜色方案设置，如图 6-15 所示。

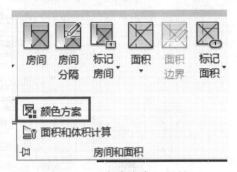

图 6-14　"颜色方案"工具

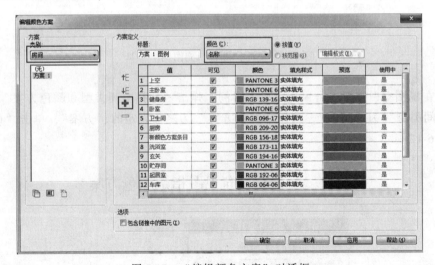

图 6-15　"编辑颜色方案"对话框

【提示】

在"编辑颜色方案"对话框中单击颜色列表左侧的向上、向下按钮可调整房间名称顺序。同时，在"颜色"列中可以对自动生成的图例颜色进行更改，在"填充样式"列中可以对图例的填充样式（默认是"实体填充"）进行更改。

（2）单击"分析"选项卡"颜色填充"面板中的"颜色填充图例"工具，确认当前图例类型为"1"，单击"编辑类型"按钮，打开"类型属性"对话框，如图 6-16 所示，修改"显示的值"选项为"按视图"，即在图例中仅显示当前视图中所包含的房间图例，其他参数参照图中所示设置。

图 6-16　使用"颜色填充图例"工具

（3）在视图空白位置单击鼠标，放置图例，弹出"选择空间类型和颜色方案"对话框，选择"空间类型"为"房间"，选择"颜色方案"为之前设定的"方案"，单击"确定"按钮，如图 6-17 所示。

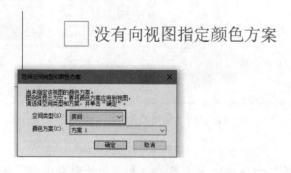

图 6-17　放置颜色填充图例

（4）选择视图中创建的图例，将自动切换至"修改｜颜色填充图例"选项卡，单击"图例"面板中的"编辑方案"按钮，可再次打开"编辑颜色方案"对话框进行编辑。最终效果如图 6-18 所示。

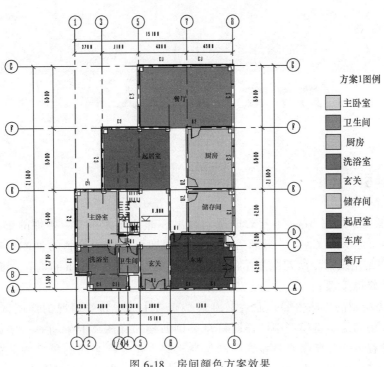

图 6-18　房间颜色方案效果

第7章 详图大样

7.1 详图索引

    Revit 的详图主要是用 Revit 本身的模型划分出一部分作为参考，构件的细部可在 Revit 直接绘制，或者导入一个 CAD 详图遮盖到当前视图即可。详图绘制的整体思路和 CAD 不同，CAD 的详图是用线命令所勾画显示的，而 Revit 的思路比较像 Photoshop，罩一个遮罩在前面，然后各种修饰整理。

    Revit 中详图绘制的方法主要是通过三维模型直接生成，特殊情况的详图区域也可以通过软件中详图线的功能丰富模型中的详图信息。例如楼梯详图、卫生间等一些区域的详图，在模型建立的过程中构件所需要具备详图的信息已基本包含在当前的模型中，在 Revit 中可以通过软件中自带的详图索引功能直接生成所对应的视图，此时索引视图和详图视图模型图元是完全关联的。对于一些特殊节点大样，如屋顶挑檐，模型主体部分已经建立，只需要在模型对应的视图中通过详图线的功能补充一些二维图满足详图信息。

    （1）Revit 提供了详图索引工具，如图 7-1 所示，可以将现有的模型通过详图索引的工具选取模型中的某一部分生成新的详图视图，在生成的新的视图中仅显示详图索引所包含的区域。

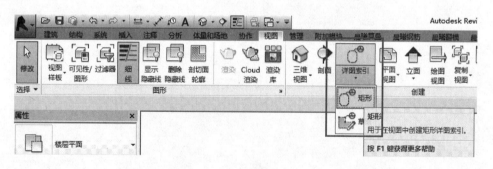

图 7-1　详图索引工具

    （2）可以使用 6.2 节的小别墅案例，用"矩形""详图索引工具划定卫生间部分的图元，可以在属性栏中调整详图的视图比例，默认的详图"比例"为"1∶50"，即新建详图索引的视图比例为 1∶50，如图 7-2 所示。

    （3）在项目浏览器中切换至新增的详图索引视图。选择裁剪范围框可以通过高亮显示的节点调整裁剪框的区域范围大小。调整底部视图控制栏中的"隐藏裁剪区域"按钮，可以关闭或显示当前视图的裁剪范围框，如图 7-3 所示。

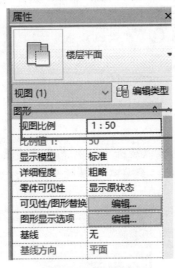

图 7-2　视图比例

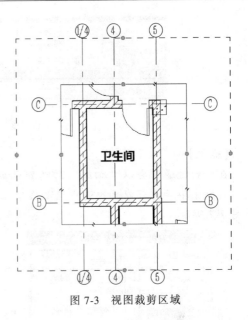

图 7-3　视图裁剪区域

7.2　详图工具

Revit 的模型在设计施工图阶段需要出图时，模型中必须根据施工图出图的标准添加各类二维符号标注，以满足施工图设计信息的表达要求。Revit 提供了多种详图编辑工具，以便在模型中处理及添加各种符合出图要求的二维图元。

Revit 的详图工具主要提供了区域填充、详图构件、重复详图等详图工具，如图 7-4 所示。使用这些工具可以对模型施工图出图时导出的二维图纸信息进行补充。

图 7-4　详图工具

7.2.1　详图线

详图线是在与当前视图平行的草图平面中绘制，该草图平面的方向与当前视图的工作平面设置情况无关。详图线与详图构件以及其他注释一样，也是视图专有图元，所使用的绘制工具的线样式与"线"工具相同。可以使用"详图线"工具在详图视图和绘图视图中绘制详图线，以二维形式为其他三维模型提供补充信息。通过这样的方式，可以提高制图效率，并避免过度建模。

单击"详图线"工具即可以开始绘制，查看选项栏，可以在这里设置三个相关属性，如图 7-5 所示。

图 7-5　详图线选项栏

【提示】

在绘制时通常会以"细线"作为默认的线样式，也可以展开下拉列表选择其他的线样式，绘制完毕后也可以再次选中这些线条在属性选项板的"线样式"属性里修改，如图 7-6 和图 7-7 所示。

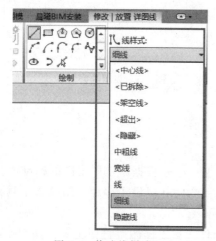

图 7-6　修改线样式一

图 7-7　修改线样式二

7.2.2　详图构件

详图构件可以理解为在视图中的平面构件族。其功能与 CAD 中的块类似，详图构件是封闭的二维图元，但是详图构件的平面尺寸信息同样可以根据需要添加关联参数，通过 Revit 参数化工具实现输入参数调整详图中图形的尺寸，详图构件就是包含多种参数动态的平面图元（图 7-8）。

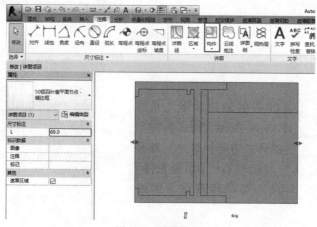

图 7-8　详图构件

（1）详图构件可以通过新建族的形式添加多种样式，首先单击"新建-族"，在弹出的选择族样板文件的窗口中找到"公制详图项目"的族样板，选择"公制详图项目"，单击打开，如图 7-9 所示。

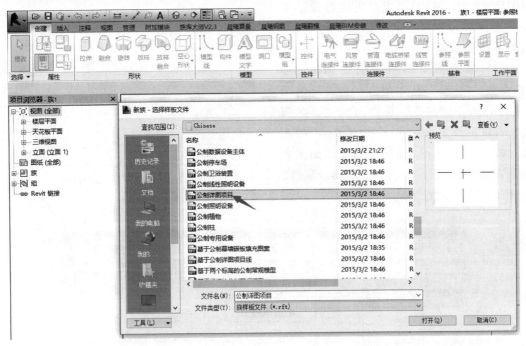

图 7-9　选择族样板

（2）单击"创建"选项卡"基准"面板的"参照平面"，选择关联项选项卡的"绘制"面板的"拾取线"工具，修改偏移量为"200"，拾取横向的参照平面，再次修改偏移值为"100"，拾取纵向的参照平面，完成后如图 7-10 所示。

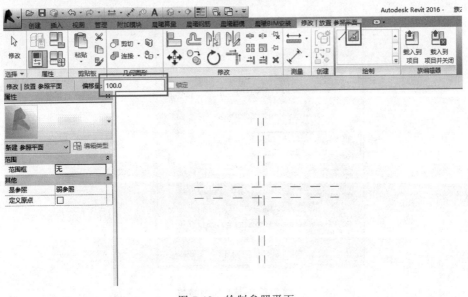

图 7-10　绘制参照平面

（3）单击"创建"选项卡"尺寸标注"面板的"对齐"工具，依次单击横向的两条参照平面在视图中添加横向参照平面的尺寸标注，添加完成后再次通过"对齐"工具添加纵向参照平面的尺寸标注，如图 7-11 所示。

（4）单击横向参照平面的标注，在"修改I尺寸标准"栏中单击"标签"为尺寸标注添加一个参数，在弹出的"参数属性"窗口中，添加一个名称为"h"的参数，如图 7-12 所示。用同样方法添加纵向参照平面尺寸标注的参数，在"参数属性"的窗口中添加参数"b"。

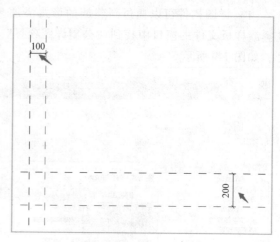

图 7-11　添加尺寸标注

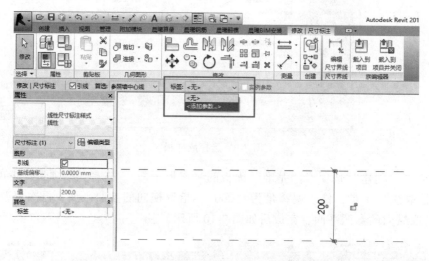

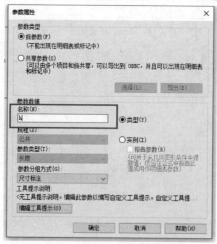

图 7-12　添加控制参数

（5）单击"创建"选项卡"详图"面板的"直线"工具，选择关联项选项卡的"绘制"面板的"矩形"工具，在视图中4条参照平面交叉的位置添加一个矩形的线图元，注意在矩形线图元添加完成后，视图中会有"锁形"的标记出现，单击每个"锁"标记，如图7-13所示。此操作的作用是通过"锁"的绑定使矩形的尺寸数据与参照平面的尺寸数据关联形成参变。

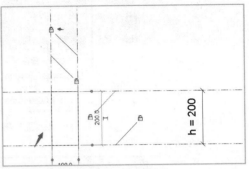

图 7-13 关联线与参照平面

（6）单击"创建"选项卡"详图"面板的"直线"工具，选择关联项选项卡的"绘制"面板的"直线"工具，在矩形位置分别

绘制两条对角线，绘制完成后单击"创建"选项卡"属性"面板中的"族类型"工具，可以在弹出的"族类型"窗口中调整尺寸标注中的"b""h"参数，如图7-14所示。经过参数的调整可以看见当前的图元会根据参数的变化而变化最终形成参数的联动，如图7-15所示。

图 7-14 调整参数值

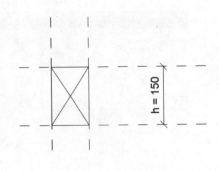

图 7-15 图形由参数驱动

（7）详图项目绘制完成后可以将完成的详图族载入到项目中。首先新建一个项目，然后在选项卡中找到"族编辑器"，单击"载入到项目"功能将当前的详图项目载入到项目中，如图7-16所示。

7.2.3 区域

详图工具中的区域功能分为"填充区域"以及"遮罩区域"，如图7-17所示。"填充区域"主要是通过绘制一块封闭的区域然后在区域中添加填充图案，软件中有多种样式的填充图案提供选择使用；"遮罩区域"主要的功能是通过绘制一块区域遮盖当前视图中多余的图元。

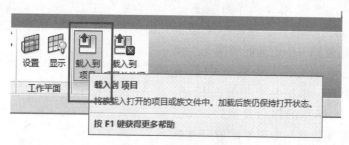

图 7-16　载入到项目

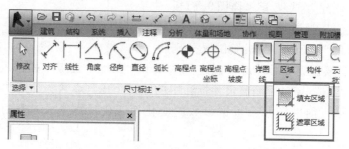

图 7-17　区域工具

（1）单击"注释"选项卡"详图"面板的"填充区域"，选择关联项选项卡的"绘制"面板的"矩形"工具，在"线样式"面板中选择线样式为"细线"，如图 7-18 所示，在视图中绘制一个矩形。

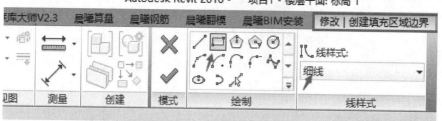

图 7-18　设置线样式

（2）在"填充区域"的属性栏中，单击"编辑类型"，在弹出的窗口的"图形"参数类型中，"填充样式"提供了修改填充区域的填充图例样式功能，"背景"主要是设置填充区域的透明度，"线宽"功能是设置线型的宽度，"颜色"功能是用来修改填充样式的显示颜色。修改"填充样式"为"场地-铺底砾石"，"背景"为透明，"线宽"为 3，"颜色"为红色，结果如图 7-19 所示。注意填充图案的大小会根据当前视图比例的不同进行相应比例的缩放。

（3）单击"注释"选项卡"详图"面板的"遮罩区域"，选择关联项选项卡的"绘制"面板的"矩形"工具，在"线样式"面板中选择线样式为"不可见线"，在视图中可见图元上绘制一个矩形，完成后如图 7-20 所示，可见右侧部分的矩形区域被"遮罩区域"遮挡了。

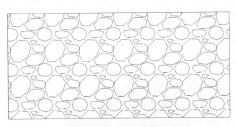

图 7-19　填充图案

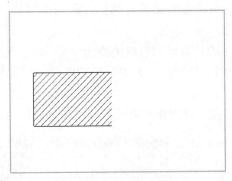

图 7-20　部分图形被遮挡

7.2.4　隔热层

　　详图功能中"隔热层"功能主要是快速添加隔热层的二维图元，其功能与"详图区域"类似，单击"注释"选项卡"详图"面板的"隔热层"，在属性栏中可以调整隔热层的宽度以及隔热层的膨胀与宽度比率值，在绘制面板中选择"直线"，在视图中任意一点单击后开始绘制隔热层。如需要修改可选择需要修改的隔热层，然后在属性栏中调整相关参数信息，如图 7-21 所示。

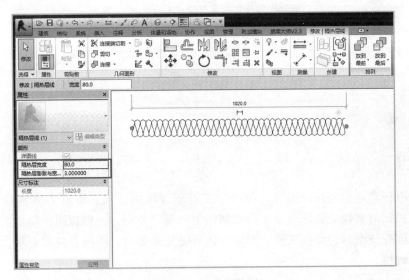

图 7-21　调整隔热层

7.2.5　详图组

　　详图面板中的"详图组"功能主要是在项目中选取多个模型图元或详图图元进行绑定成组，其功能和 CAD 的块功能类似。

　　（1）单击"注释"选项卡"详图"面板的"详图组"，在弹出的下拉菜单中选择"创建组"，在弹出的创建组窗口中可以为创建的组新建一个名称，如图 7-22 所示。在组类型中有"模型"和"详图"选项，勾选"模型"选项所创建的组只

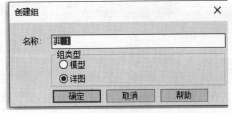

图 7-22　创建组

能选取模型图元进行绑定，而勾选"详图"选项所创建的组只能选取平面详图图元进行绑定。

　　（2）确定当前组类型为"详图"，名称修改为"填充图案"，单击"确定"按钮进入"编辑组"界面，在编辑组修改栏有"添加""删除"选项，主要用于增减当前组图元，单击"添加"选取上文中绘制的填充区域及云线，选取完成后单击"编辑组"的完成功能键，在当前的视图中绘制的图元已经形成组的状态，如图 7-23 所示。

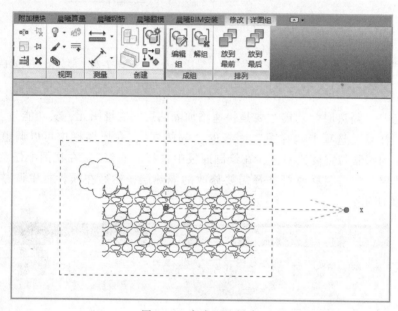

图 7-23　完成组的创建

7.3　图例

　　在项目中任意族类型可以通过"图例"工具创建图例样例，如图 7-24 所示。在图例视图中，可以根据需要设置各族类型在图例视图中的显示方向。图例视图中显示的图例与项目中所使用的该族类型自动保持关联，当修改该族类型参数时，图例会自动更新，从而保证模型数据的一致性。

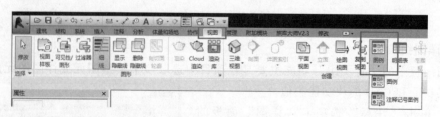

图 7-24　创建图例

　　（1）在"视图"选项卡的"创建"面板中单击"图例"下拉列表，在该列表中选择"图例"工具，将弹出"新图例视图"窗口，输入"名称"为"飘窗大样"，设置视图比例为 1：50，如图 7-25 所示，单击"确定"按钮，建立空白图例视图。新建的"飘窗大样"

视图可以在项目浏览器中的图例列内找到，如图 7-26 所示。

（2）在项目浏览器中依次展开"族"列表，在列表中找到"窗"→"飘窗"→"飘窗2400×1800mm"，如图 7-27 所示，按住鼠标左键并拖动"飘窗 2400×1800mm"族类型至当前视图中空白位置，单击鼠标即可以在当前的位置放置模型图元，完成后按"Esc"键退出。

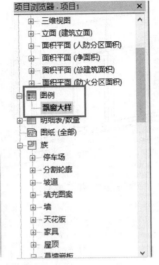

图 7-25　图例名称和比例　　　　图 7-26　浏览器的窗族　　　　图 7-27　找到浏览器的窗族

（3）选择视图中已放置的模型图元，可以设置属性栏中的"视图"方向为"楼层平面""立面：前"或"立面：后"，这里以"立面：前"视图为例，效果如图 7-28 所示。图 7-29 为该族的三维效果。

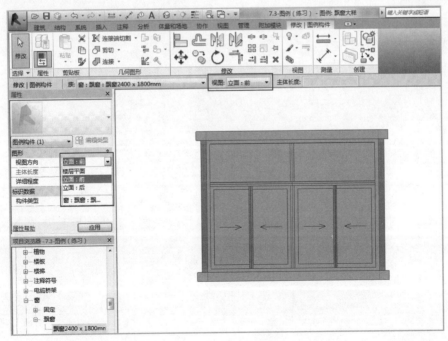

图 7-28　窗立面图例

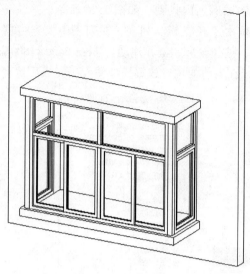

图 7-29　窗三维视图

第8章　明细表统计

8.1　明细表原理

8.1.1　明细表基本概念

Revit 文件本质上是一个数据库,所有构件的几何信息、非几何信息都保存在其中;所有平立剖面图、三维视图等视图,都是数据库的一种表现形式。明细表也一样,是通过表格形式对各种构件进行数据的统计,因此在 Revit 中明细表也是视图的一种。

Revit 明细表统计功能非常强大,有完善的分类统计、条件过滤、排序、表格样式设置等功能,还可以对参数之间设定公式进行计算,并且与构件之间是双向实时同步互联的关系,因此可以实现非常多的功能。除了建筑专业常用的门窗表外,还可以进行面积的分类统计、构件的工程量统计、房间的装修做法列表、机电专业的设备统计表等,还可以很方便地制作出图纸目录。

Revit 的明细表功能在“视图”面板下,共有六类明细表(不同专业模板可能包含不同的分类,这里以建筑专业模板为例),如图 8-1 所示。其中“图形柱明细表”是将结构柱按楼层与轴网的关系进行展示;“注释块”是专门统计使用“符号”命令放置的注释图元;“视图列表”是统计 Revit 文档中的视图,这三类一般极少使用,只需重点关注“明细表/数量”“材质提取”“图纸列表”这三类即可,其中又以第一类“明细表/数量”为根本,其他几类都可以参照操作。

Revit 模板中一般会预设多种明细表的样式,如图 8-2 为 Revit 自带的建筑模板中预设的明细表。公司内部模板一般都会根据各专业的需求与出图习惯,预设好常用的明细表样式。在项目浏览器中直接双击明细表,即可打开统计结果,同时属性栏里出现该明细表的设置,如图 8-3 所示。

图 8-1　明细表

从图 8-3 中可看出,一般设置明细表的步骤分为五步:

(1)字段:设置要统计的构件类型与参数。

(2)过滤器:通过预设条件设置构件统计的范围。

(3)排序/成组:设置统计结果的排列顺序。

(4)格式:设置各种参数值以什么单位显示。

(5)外观:设置明细表的字体、列宽等外观显示。

具体的操作详见本章后面两节。

8.1.2　明细表字段与共享参数的关系

需注意的是,并非所有族的所有参数都能统计,对于每一类构件,Revit 可以统计的参

 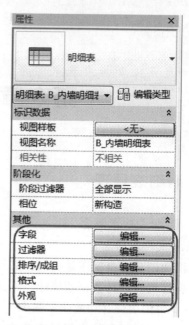

图 8-2　模板预设明细表　　　　　　　　　图 8-3　明细表设置栏

数都是固定的，如图 8-4 所示，是对窗这一构件类别的参数及 Revit 可统计参数（称为"字段"）对比列表。其中圈出的参数是这个窗族在制作的时候另外加上去的（不是族模板原生自带的参数），因此就不能统计出来。

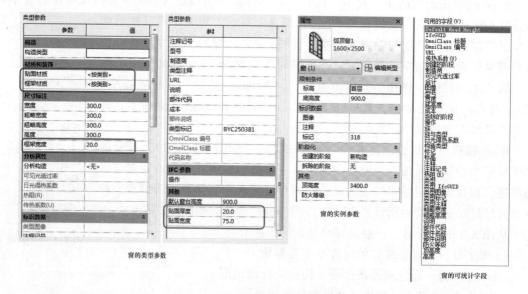

图 8-4　窗的参数与可统计字段对比

如果要统计这类参数，那就需要用到 Revit 的"共享参数"概念。共享参数是 Revit 特有的概念，它通过一个独立的 .txt 文件进行定义，然后可以挂接到不同的族文件与项目文件中，使该参数在不同族、不同文档之间互通互认，从而实现参数值的统计、标注功能，是为"共享"。

　　图 8-5 所示为通过共享参数添加可统计字段的过程。这个例子是窗族里有个叫"可开启面积比"的参数，加载到项目后，可以在属性框中看到这个参数，但在统计明细表的可用字段中没有这个参数，于是可以按图 8-5 中的步骤，将这个共享参数添加进来。

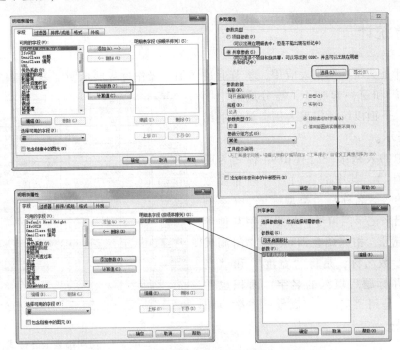

图 8-5　通过共享参数添加可统计字段

　　注意其中第 2 步，选择共享参数的文件时，如果没有这个原始的 .txt 文件，那就要事先从族里将这个共享参数 .txt 文件导出。操作过程如图 8-6 所示，需要打开族文档，并且先通过【管理】→【共享参数】新建一个空的共享文件（否则"导出"按钮是灰显的）。

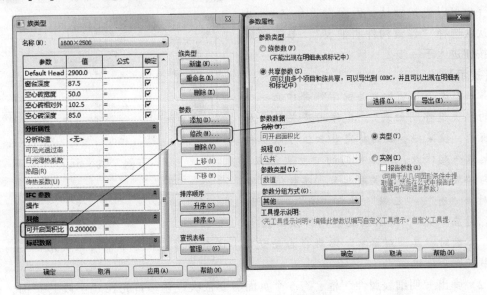

图 8-6　从族里导出共享参数文件

共享参数通过 GUID（全局唯一标识符而非名称）作为标记，即使是同样的参数名称，如果不是同一个 GUID，也无法统计在一起，因此不能直接在项目中新建同名的共享参数，要按本节所示的步骤才能确保顺利地进行统计。

8.2　门窗统计

门窗统计是典型的明细表应用，本节通过详细的操作过程展示明细表的制作方法。注意 Revit 不能将门和窗一起统计，需分成两个明细表来统计，下面以统计门表为例，最终的结果如图 8-7 所示。

注意图中的表格第一行（Revit 称之为明细表的"页眉"），其中的"门号"并非参数名称，真正的参数名称是"类型标记"（本例采用类型标记来记录门窗号，如果采用其他参数来记录门窗号，相应调整即可）；"门洞尺寸"也并非参数名称，是将"宽度"和"高度"两列合并标题后填入的名字；面积也并非参数名称，是用"宽度""高度"参数值相乘得到的结果。

| 门号 | 洞口尺寸 | | 面积 | 防火等级 | 说明 | 合计 |
	宽度	高度				
FM丙0618	600	1800	1.080 m²	丙级	专业厂家设计制作	135
FM丙0818	800	1800	1.440 m²	丙级	专业厂家设计制作	84
FM乙0926	900	2600	2.340 m²	乙级	专业厂家设计制作	24
FM乙1220	1200	2000	2.400 m²	乙级	专业厂家设计制作	5
FM乙1224	1200	2400	2.880 m²	乙级	专业厂家设计制作	125
FM乙1224A	1200	2400	2.880 m²	乙级	专业厂家设计制作	89
FM乙1524	1500	2400	3.600 m²	乙级	专业厂家设计制作	74
FM乙1524A	1500	2400	3.600 m²	乙级	专业厂家设计制作	71
FM乙1526	1500	2600	3.900 m²	乙级	专业厂家设计制作	33
FM甲0818	800	1800	1.440 m²	甲级	专业厂家设计制作	232
FM甲0926	900	2600	2.340 m²	甲级	专业厂家设计制作	9
FM甲1224	1200	2400	2.880 m²	甲级	专业厂家设计制作	46
FM甲1518	1500	1800	2.700 m²	甲级	专业厂家设计制作	7
FM甲1524	1500	2400	3.600 m²	甲级	专业厂家设计制作	65
FM甲1526	1500	2600	3.900 m²	甲级	专业厂家设计制作	5
M0725	700	1800	1.820 m²		单扇平开木门	6
M0826	800	2600	2.080 m²		单扇平开木门	37
M0924	900	2400	2.160 m²		单扇平开木门	80
M0926	900	2600	2.340 m²		单扇平开木门	670
M1024A	1000	2400	2.400 m²		单扇平开木门	184
M1224	1200	2400	2.880 m²		双扇平开木门	13
M1426	1400	2600	3.640 m²		双扇平开木门	36
M1524	1500	2400	3.600 m²		双扇平开木门	17
M1526	1500	2600	3.900 m²		双扇平开木门	786

图 8-7　门明细表最终样式图

【提示】

明细表页眉上的文字是可以自行修改的，也可以让相邻的列标题"成组"。明细表可以统计参数间根据公式计算的结果。

（1）如图 8-8 所示，通过【视图】→【明细表】→【明细表/数量】，打开新建明细表的向导。在类别栏中选择"门"，在右侧给明细表命名（也可以先按默认，后面再重命名），并且按默认选择"建筑构件明细表"，单击"确定"按钮进入下一步。

【提示】

另一个选项"明细表关键字"是建立一个特殊的"关键字明细表"，其作用是在此添加一些规则，使某些参数的特定参数值可以互相关联起来一起修改，比如将门的"防火等级"参数与"观察窗"参数关联起来，参数值"甲级"对应"有"、"乙级"对应"有"、"非防火门"对应"无"，那么当某些门修改"防火等级"参数时，其"观察窗"参数会自动变化。这个操作过程非常繁琐且实用性不高，因此本书不展开介绍。

图 8-8　新建门明细表

（2）弹出"明细表属性"框，有 5 个页面需要依次设置。首先在"字段"页面，在左侧的参数列表中选择需要统计的字段，然后点"添加（A）→"按钮将其加入右侧列表。对于门来说，常用的字段包括：类型标记、宽度、高度、防火等级、说明，最后加上"合计"。在右侧列表可以通过"上移""下移"按钮进行排序，如图8-9所示。

【提示】

"合计"不是参数名，是专门用来统计明细表的字段，所有构件明细表都有这个字段。

（3）一般门表不需要统计面积，这里为了说明"计算值"的用法，增加一列"面积"的统计，这个数值对于工程算量来说也是有意义的。单击

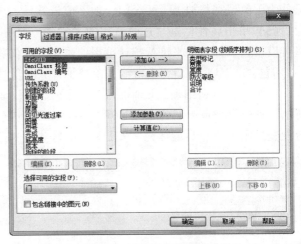

图 8-9 门明细表字段设置

"计算值"按钮，弹出图8-10所示设置框，命名为"面积"，然后将"类型"设置为"面积"类（否则会提示单位错误）。在下方公式栏，通过右侧的选择按钮，从之前选好的参数中选择"宽度""高度"，中间加上乘号"*"，确定即可。将新增的"面积"字段移到"防火等级"上方。

（4）接下来可以继续设置其他几个页面，也可以先看看统计结果。先直接单击"确定"按钮，Revit稍作计算后随即弹出统计结果。计算时间与构件数量、列表字段多少等因素相关。由于未作进一步设置，弹出的结果如图8-11所示。

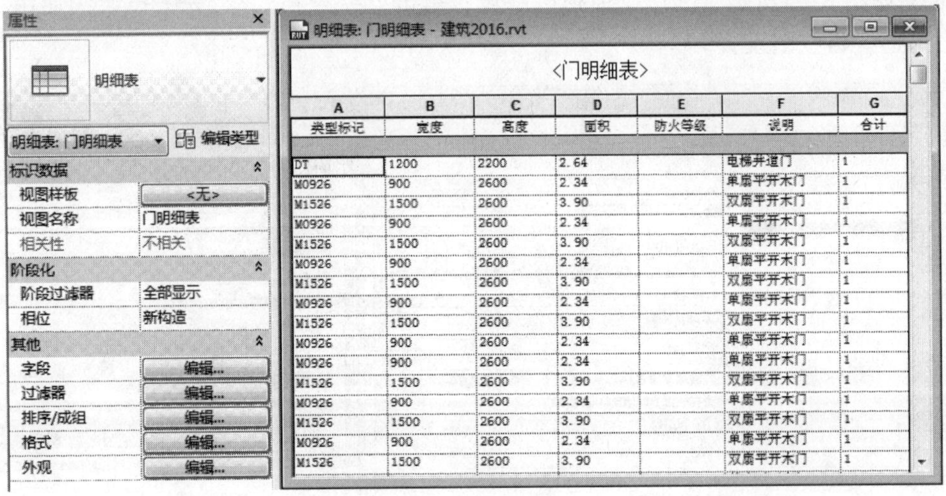

图 8-10 设置计算值

图 8-11 明细表雏形

这个表有三个问题，一是相同的门没有合并统计；二是顺序是乱的；三是有些门不需要统计，但没有过滤，比如第一行标记为"DT"的电梯井道门，由电梯专业公司制作，这里

只是为了模型完整加上了一个门，但不应该统计。下面进行其他设置，以解决这三个问题。

（5）单击属性栏里"过滤器"的"编辑"按钮，回到明细表的设置页面第二页，在这里可以设置多种条件来进行统计范围的限制。本例将类型标记为"DT"及包含"JM"的门（本例包含"JM"的门为卷帘门，单独统计）排除出去，如图 8-12 所示设置。

（6）切换到明细表的设置页面第三页"排序/成组"，在这里设置排列顺序，如图 8-13 所示，首先要把最下面的"□逐项列举每个实例"去掉勾选，这样才能让同类项归并。然后设置排序为按"类型标记""升序"排列。

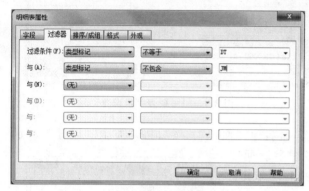

图 8-12　设置过滤器　　　　　　　　　　图 8-13　设置排序

【提示】

排序方式只能按选定的字段来排，如果需要按其他参数值来排序，可以添加该字段参与统计，但可以在"格式"页面中设置该列不可见（即"隐藏字段"）。

（7）切换到明细表的设置页面第四页"格式"，在这里设置各列数值的单位格式，本例对面积的显示格式做一些调整，按默认是精确到小数点后 2 位，将其改为 3 位，同时在后面加上 m^2。如图 8-14 所示，选择"面积"字段，单击"字段格式"，先去掉"□使用项目设置"的勾选，再按图设置。

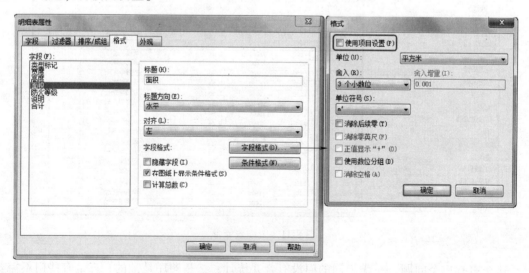

图 8-14　设置格式

注意这一页有一个"□计算总数"的选项，这个选项的作用是控制该字段的每一行统计值，是显示单个的值，还是多个的值的总和，如图 8-15 所示。是否勾选该选项看需求而定，本例不勾选。如需统计所有门洞口面积的总和，可参考下一节的操作。

【提示】

本页还有另外两个功能，一个是"隐藏字段"，勾选即可将这一列隐藏。另一个功能为"条件格式"，在此可以设置特定参数值的单元格显示成不同颜色，以突出显示方便查找。这两个功能请自行尝试。

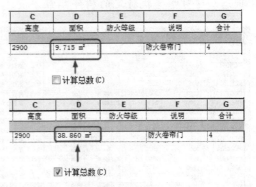

图 8-15　计算总数选项的影响

（8）切换到明细表的设置页面第五页"外观"，在这里设置明细表的外观，如图 8-16 所示。本例将"□数据前的空行""□显示标题"两项取消勾选，其余按默认。不显示标题，主要是按照施工图出图习惯，一般会在下方单独加一个标题栏。另外如果需要设置明细表的字体、字高，分别用图 8-16 所示下方的三个按钮进行设置。

【提示】

在本页面设置的字高，并不反映在明细表本身，只有当明细表放置到"图纸"里面，才会表现出来。字体的设置则既表现在明细表本身，也会表现在图纸里。

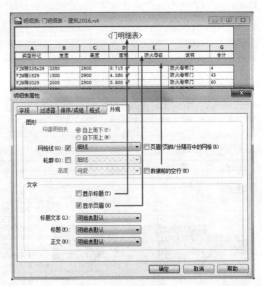

图 8-16　明细表外观设置

（9）至此明细表已设置完毕，下面进行微调。单击"确定"按钮打开明细表，如图 8-17 所示，已达到出图标准。选择页眉里的"类型标记"，将文字改为"门号"；按住"Shift"键选择"宽度"和"高度"两个单元格，在【修改】面板下，单击"成组"按钮，在合并后的格子中填入"洞口尺寸"，效果如图 8-18 所示。

【提示】

在明细表的【修改】面板中，还有很多按钮，比如设置列宽、隐藏列、选择区域进行着色等，可自行尝试。

（10）将明细表放置到图纸中（布图操作详见第九章），观察表格效果，对列宽、字高进行调整。效果如图 8-7 所示。

明细表制作完毕，在明细表中可以直接修改参数值（只读的参数除外），相当于批量选择构件后在属性栏修改参数值，只是在明细表中操作效率更高。比如实际项目中，门的"说明"往往是统计了门明细表之后才统一在这里填入的。

【提示】

在明细表中选择某些行，在【修改】面板中有一个"在模型中高亮显示"按钮变成可选（图 8-19），单击该按钮，Revit 即切换到模型视图，并且将明细表中选择的对象变成选择状态。这对于查找特定的构件非常方便。

A	B	C	D	E	F	G
类型标记	宽度	高度	面积	防火等级	说明	合计
FM丙0618	600	1800	1.080 m²	丙级	专业厂家设计制作	135
FM丙0818	800	1800	1.440 m²	丙级	专业厂家设计制作	84
FM乙0926	900	2600	2.340 m²	乙级	专业厂家设计制作	24
FM乙1220	1200	2000	2.400 m²	乙级	专业厂家设计制作	5
FM乙1224	1200	2400	2.880 m²	乙级	专业厂家设计制作	125
FM乙1224A	1200	2400	2.880 m²	乙级	专业厂家设计制作	89
FM乙1524	1500	2400	3.600 m²	乙级	专业厂家设计制作	74
FM乙1524A	1500	2400	3.600 m²	乙级	专业厂家设计制作	71
FM乙1526	1500	2600	3.900 m²	乙级	专业厂家设计制作	33
FM甲0818	800	1800	1.440 m²	甲级	专业厂家设计制作	232
FM甲0926	900	2600	2.340 m²	甲级	专业厂家设计制作	9
FM甲1224	1200	2400	2.880 m²	甲级	专业厂家设计制作	46
FM甲1518	1500	1800	2.700 m²	甲级	专业厂家设计制作	7
FM甲1524	1500	2400	3.600 m²	甲级	专业厂家设计制作	65
FM甲1526	1500	2600	3.900 m²	甲级	专业厂家设计制作	5
M0726	700	2600	1.820 m²	单层平开木门		6
M0826	800	2600	2.080 m²	单层平开木门		37
M0924	900	2400	2.160 m²	单层平开木门		80
M0926	900	2600	2.340 m²	单层平开木门		670
M1024A	1000	2400	2.400 m²	单层平开木门		184
M1224	1200	2400	2.880 m²	双层平开木门		13
M1426	1400	2600	3.640 m²	双层平开木门		36
M1524	1500	2400	3.600 m²	双层平开木门		17
M1526	1500	2600	3.900 m²	双层平开木门		786

图 8-17　设置后的明细表

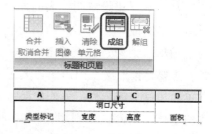

图 8-18　成组效果

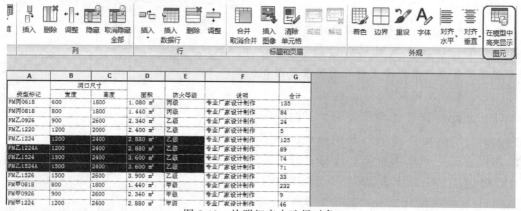

图 8-19　从明细表中选择对象

8.3　材料统计

Revit 明细表除了可以按"件"统计数量，还可以对构件的各种材料用量进行统计，Revit 称之为"材质提取"。本节以统计墙体材料为例，讲述 Revit 材料统计的方法，重点在于合计总量。有了上一节统计门明细表的基础，本节对操作过程的描述将有所简化。

（1）通过【视图】→【明细表】→【材质提取】，打开新建"材质提取"的向导，并在设置框的左侧列表中选择"墙"类别，如图 8-20 所示。

【提示】

也可以根据需要选择多种类别，比如可以同时选择墙、楼板、结构柱、结构框架等类别，用以统计混凝土体积量。

（2）确定后进入下一步，在左侧"可用的字段"中选择需要统计的字段，包括："类型""材质：名称""材质：体积""合计"，如图 8-21 所示。

图 8-20　新建墙体材质明细表

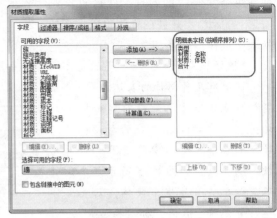

图 8-21　设定统计字段

（3）确定后先看看统计效果，如图 8-22 所示，与上一节门明细表一样，默认的统计表没有过滤、没有归并，而且也没有总体积量。下面进行相关的设置。

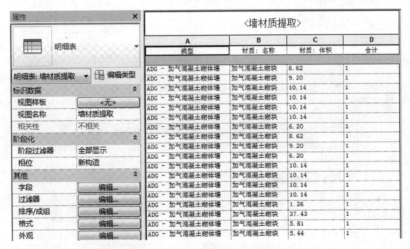

图 8-22　未经设置的材质明细表

（4）单击属性栏的过滤器"编辑"按钮，如图 8-23 所示设置过滤条件。本例仅统计加气混凝土砌块的体积，因此过滤条件设为"材质：名称""等于""加气混凝土"。

图 8-23　设置过滤条件

（5）切换到"排序/成组"页面，如图 8-24 所示，首先将排序条件设为按"类型"升序排列、去掉"□逐项列举每个实例"的勾选，然后重点是勾选"总计"，并且在总计的样式下拉列表中选择"标题和总数"。

【提示】

这里有几种总计的表达方式，"标题"指表格下方总计行的起始词"总计："；"合计"指个数的总计；"总数"指在格式页面中勾选了"计算总数"的参数，如图 8-25 所示。本例并不关心总共有多少个墙体，只关心体积总量，因此选择"标题和总数"。

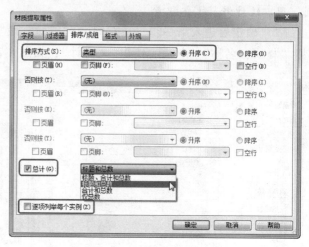

图 8-24　排序及总计设置

墙材质提取			
类型	材质名称	材质体积	合计
ADG－加气混凝土砌体墙100无面层	加气混凝土砌块	1320.63 m³	3048
ADG－加气混凝土砌体墙200无面层	加气混凝土砌块	26931.86 m³	5689
ADG－加气混凝土砌体墙300无面层	加气混凝土砌块	10.97 m³	16
总计：8753		28263.46 m³	

标题　　　　合计　　　　　　　　　　　　　　　总数

图 8-25　总计设置的几个概念示意图

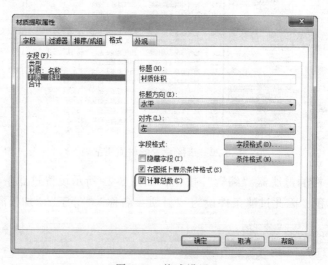

图 8-26　格式设置

（6）切换到"格式"页面，选择"材质：体积"字段，然后勾选"计算总数"，如图 8-26 所示。这个选项如果不勾选，结果就如图 8-27 的上图所示，该列的值是空的，这是因为每个墙体实例的体积值各不相同，如果不是计算总数，那就只好留空。而勾选了"计算总数”后，即可显示该类型墙体的体积总数，在表格下方也出现了体积总计值。

不勾选“计算总数”：

<墙材质提取>			
A	B	C	D
类型	材质名称	材质体积	合计
ADG - 加气混凝土砌体墙100无面层	加气混凝土砌块		3048
ADG - 加气混凝土砌体墙200无面层	加气混凝土砌块		5689
ADG - 加气混凝土砌体墙300无面层	加气混凝土砌块		16
总计：8753			

勾选“计算总数”：

<墙材质提取>			
A	B	C	D
类型	材质名称	材质体积	合计
ADG - 加气混凝土砌体墙100无面层	加气混凝土砌块	1320.63 m³	3048
ADG - 加气混凝土砌体墙200无面层	加气混凝土砌块	26931.86 m³	5689
ADG - 加气混凝土砌体墙300无面层	加气混凝土砌块	10.97 m³	16
总计：8753		28263.46 m³	

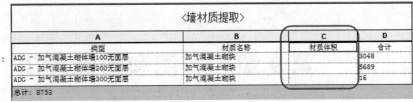

图 8-27 是否计算总数的区别

【提示】

如果在明细表中发现某些单元格应该有数值，但是又显示为空，原因往往是该行代表的构件参数值不统一，但又被要求归并显示，因此显示为空。这时可以选择该行构件，在模型视图中隔离出来观察参数值，如果适宜计算总数，则按此处理；如果不适合计算总数，那就应该考虑新建不同的族类型来进行区分。

(7) 适当调整表格外观与页眉文字，最后结果如图 8-28 所示。

填充墙材质提取			
类型	材质名称	材质体积	合计
ADG - 加气混凝土砌体墙100无面层	加气混凝土砌块	1320.63 m³	3048
ADG - 加气混凝土砌体墙200无面层	加气混凝土砌块	26931.86 m³	5689
ADG - 加气混凝土砌体墙300无面层	加气混凝土砌块	10.97 m³	16
总计		28263.46 m³	

图 8-28 墙体材质统计结果

第 9 章　布图和图纸输出

9.1　图纸布图

在 Revit 中，视图与图纸是两个概念，可以简单理解为图纸是视图的容器，是为了最终呈现的效果而将视图放置到图纸里面进行整理。一般来说视图里没有图框，图框是放在图纸里的。如果读者熟悉 AutoCAD 里的模型空间与图纸空间，那就比较容易理解了——Revit 的各种视图相当于 AutoCAD 的模型空间，Revit 的图纸则相当于 AutoCAD 的图纸空间。将视图布置到图纸中的过程称为"布图"。

图 9-1 所示为一个典型的布图，外层是一个图框，里面包含了多个视图，包括平面图、图例说明、明细表等。

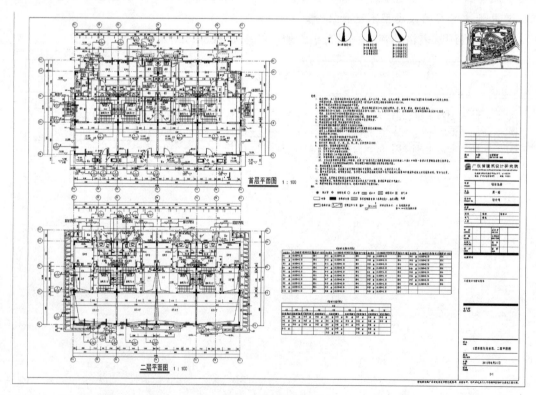

图 9-1　布图示例

但 Revit 的布图与 AutoCAD 的布图也不完全一样，区别主要在以下几方面：

（1）Revit 对于不同比例的视图放到同一图纸的支持更好。比如将 1∶100 的平面图与

1：20的墙身大样图放到同一图纸中，Revit 操作比在 AutoCAD 里的操作简单得多，直接拖放即可，不用考虑字高、尺寸标注之类的注释性图元会因不同比例而大小不一，因为 Revit 的注释性图元原生拥有"比例无关性"，是按实际打印尺寸来设定的，如字高为 3mm 的文字，不管视图比例是多少，放到图纸中就是 3mm 的实际尺寸，这对于布图过程来说省事了很多。

（2）Revit 的图纸及视图的图名、图号等均来自于整体数据库，互相关联。不管是图纸还是视图，其图名、图号、比例等字段，均与其属性相关联。修改属性，相应字段即自动跟随修改。

（3）除了图例视图，Revit 的每个视图只能被放到一个图纸中。在 AutoCAD 中，可以通过在不同视口设置不同的图层开关，将同一区域拆分成不同的视口，放置到图纸空间中，这个操作在 Revit 中无法类比，因为 Revit 的每个视图只能被布图一次。要实现类似的操作，可以通过 Revit 的复制视图命令，将视图复制出来，修改设置后再进行布图。

Revit 布图操作之前，需准备好图框族。一般公司标准模板里面已经制作好公司的图框族，并由专人统一维护。下面分别讲述图框族制作及布图操作的要点。

9.1.1　制作图框族

（1）选择合适的模板新建族，如图 9-2 所示，图框族的模板属于"标题栏"，里面已预设好从 A0 到 A4 的常见尺寸空图框。由于各种尺寸的图签都一样，为了使用、修改方便，建议将多种尺寸放到同一个族里，通过不同类型来控制尺寸。因此选择"新尺寸公制"模板。

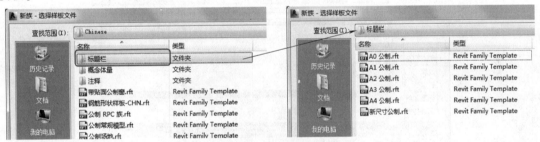

图 9-2　选择标题栏族模板

（2）模板中已有外框，自行绘制内框，锁定各边与外框的尺寸，然后将外框尺寸与新建类型参数关联，并分别设置不同类型的标准尺寸，如图 9-3 所示。这里还考虑了非标图框，由于非标图框一般按标准尺寸的 1/4 递增，因此另外加了两个参数来进行控制，如图 9-4所示。

（3）接下来绘制公司图签。一般可从 .dwg 文件中导入，再适当修改线型、颜色等。部分字段可与图纸的属性关联，这种字段就要用"标签"（而非"文字"）来输入，如图 9-5所示。像项目名称、业主（用"客户姓名"代替）、图名、图号等，均可类似操作。

（4）切换不同的类型，观察尺寸、图签位置等无误后保存为图框族文件，然后载入项目文档备用。

9.1.2　布图操作

本小节以图 9-1 所示的图纸为例，介绍布图的过程。前面已经提到一种特殊的"图例视图"，只有这种视图可以布置在多个图纸里面，一般用来绘制一些通用的说明、图例或通用

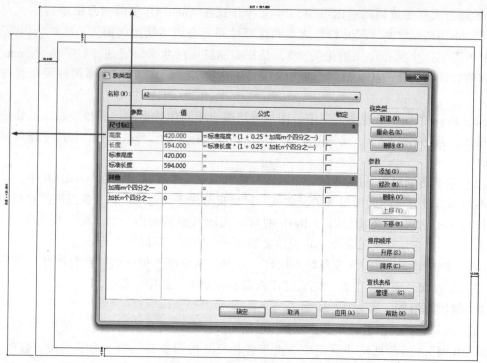

图 9-3　设定各种尺寸对应的长宽

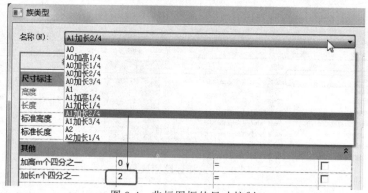

图 9-4　非标图框的尺寸控制

大样图等。本例假设所有视图（包括图例视图、明细表）均已制作好。

（1）通过【视图】→【图纸】，或在项目浏览器的"图纸"分类节点上单击右键菜单"新建图纸"，在弹出的设置框里选择合适的图框，确定后随即打开一个空的图纸，如图 9-6 所示。

（2）通过【视图】→【放置视图】命令，可通过视图列表选择视图放置到图纸中。但更常用也更直观的方式是在项目浏览器里选择视图，直接拖放到图纸合适位置即可，如图 9-7 所示。注意两种操作方式每次都只能选一个视图来布置。

【提示】

如果所选视图不是图例视图，并且已经布置在其他图纸中，那么拖放时 Revit 会弹出提示，如图 9-8 所示，无法完成操作。如果确实需要将同一视图放到不同图纸中，那就只能通过"复制视图"或"带细节复制"命令复制出新的视图来布图。

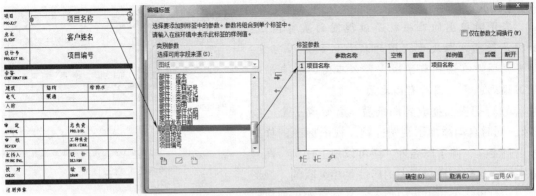

图 9-5 用标签输入各项字段

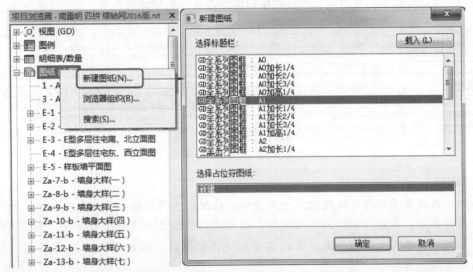

图 9-6 新建图纸

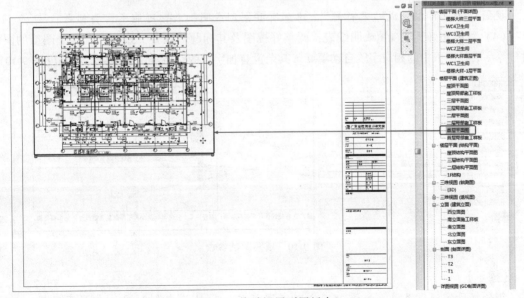

图 9-7 拖动视图到图纸中

【提示】

布图时视图的外框就是该视图的裁剪区域；外框是否可见取决于视图的裁剪区域是否可见。如果视图没有设裁剪区域，那么布图时会自动将范围设到包含视图所有图元的范围。

（3）把视图拖放到图纸后，就变成一个"视口"，同时自动添加了视图标题。视图标题的样式可以自定义，除了图名外，还可以加上比例、图号等字段，这些字段与视图的属性是相关联的。视图标题一般也在公司模板中预先定义好，如果拖放时

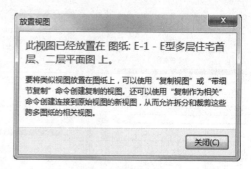

图 9-8　重复布图提示

自动添加的视图标题不符合要求，可以把视口的类型修改为预设的类型，如图 9-9 所示。

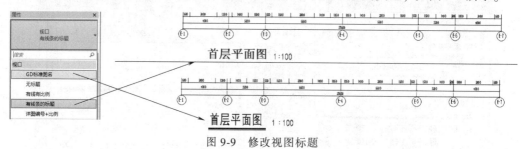

图 9-9　修改视图标题

【提示】

图中视图标题下方有两道横线，一粗一细，这里是手动用填充区域和线条画上去的。在视图标题族里面，虽然可以加上这两道线，但无法让它们自动跟着图名长短而变化，所以不可行。如果不严格要求粗细样式，可以直接把视图标题族里的图名文字设成"有下划线"，这样基本上达到效果。

【提示】

视图标题也可以设成"无标题"，比如有些图例或明细表，可能不需要标题。

（4）继续布好其他视图或明细表，调整好视图及其标题的位置，然后设置整个图纸的图名图号等参数，图框中的相应字段自动填好。其余没有加字段的空格需用文字自行填写（图 9-10）。

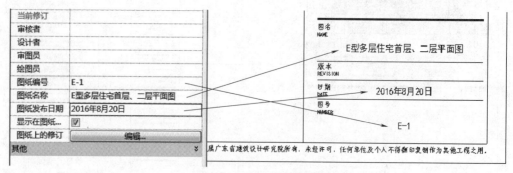

图 9-10　填写图纸参数

【提示】

部分字段需通过共享参数添加。分别在图框族、项目族中加入同一个共享参数（比如

"校对人"），这样两者才能关联修改。

（5）布图完成后，如果想临时进入视图里面进行编辑，只需在该视图上右击，选择"激活视图"命令，即可临时激活该视图（效果相当于 AutoCAD 里在图纸空间双击进入视口），此时其他视图均为灰显，如图 9-11 所示。编辑完后在空白处右击，选择"取消激活视图"，随即回到图纸状态，如图 9-12 所示。

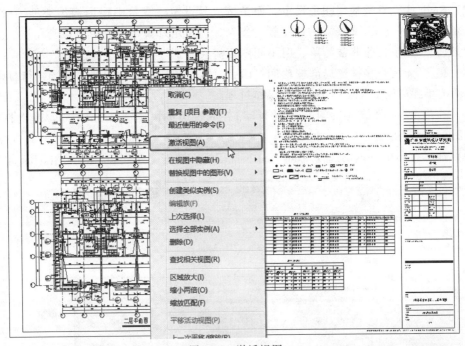

图 9-11　激活视图

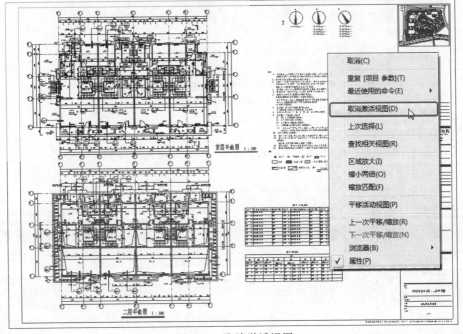

图 9-12　取消激活视图

9.2 打印与图纸输出

Revit 的打印与 AutoCAD 相比有很大区别：

（1）Revit 无法打印成 .plt 文件，只能直接连接打印机，或用虚拟打印机打印成 PDF 文件。

（2）Revit 线宽不是根据颜色设定，而是按线号设定，线号则根据构件类型、所在视图等因素来确定，因此 Revit 线宽的确定较为复杂，但设定好模板后则可直接套用。

（3）Revit 批量打印非常简单，但不同图幅需要分别批量打印。

（4）Revit 无法直接框选局部按比例打印，只能复制视图，设定裁剪范围再行打印。

下面按步骤说明 Revit 打印输出的操作过程。

（1）通过 Revit 菜单【打印】→【打印】，或直接按快捷键"Ctrl+P"，弹出打印设置框，如图 9-13 所示。

（2）选择打印机。本例选择 Adobe PDF 打印机，这需要先安装 Adobe Acrobat 才会有。

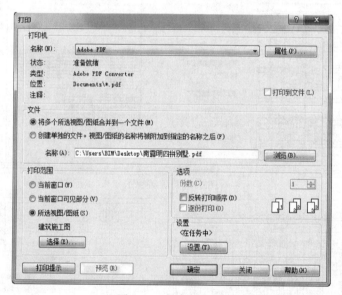

图 9-13　打印设置框

【提示】

如果没有 Adobe Acrobat，可以用其他免费的 PDF 生成软件来代替。推荐 PDF Creator 这款软件，生成质量比较好。

（3）在打印机下拉框右侧，单击"属性"按钮，进行打印机及页面设置。这里以 Adobe PDF 打印机为例，如图 9-14 所示。主要设置两个地方，一是默认设置处，下拉选择"高质量打印"，这样打印效果更精细；二是页面大小处，选择所需页面，此处也可以增加自定义页面。

（4）设好打印机，接着设置文件名称（如果是直连打印机则跳过这一步），并选择是否将多个页面合并成一个 PDF 文件。

（5）接着设置打印范围，共有三个选项，"当前窗口"表示仅打印当前窗口，按图纸或视图裁剪范围打印；"当前窗口可见部分"也表示仅打印当前窗口，但范围为当前窗口的显示范围；

图 9-14　打印机设置

"所选图纸/视图"则表示批量打印，打印的对象通过下方的"选择"按钮进行选择。

（6）单击"选择"按钮，弹出图纸及视图列表，选择需要打印的图纸或视图，必要时保存为固定的选择集，然后单击"确定"按钮。

【提示】

注意前面打印机设置的时候是统一设了一个尺寸，所以这里选择的图纸都只能按同一尺寸进行打印，这是稍有不便的地方。

（7）单击右下方的"设置"按钮，弹出另一个设置框，如图 9-15 所示。这里主要设置

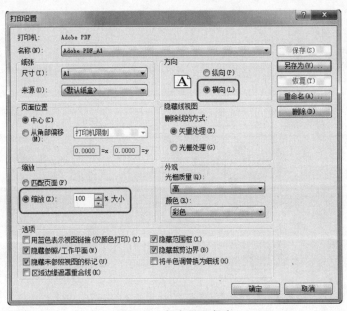

图 9-15　打印设置保存

打印的横竖方向、定位点、缩放比例，以及一些其他选项，均根据项目需要进行设置。设好后可以保存为固定的配置项，方便后续直接调用。

【提示】

原则上按比例打印时应该选择"缩放 100%"，但有时候会导致 PDF 打印时外边框少了一条或多条边线。这时可以将页面尺寸设大一些，也可以选择"匹配页面"，使其略小于页面设置的尺寸，这样就不会丢失边框线，但打印成实体图纸时会带来极微小的误差。

（8）设置完毕，回到上一级设置框单击"确定"按钮，随即开始打印，如图 9-16 所示。

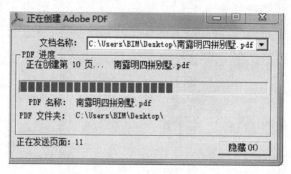

图 9-16　开始打印

第 10 章 设计选项和工程阶段化

10.1 设计选项

在设计过程中同一项目有多种可选设计方案用于选择，可以根据需要进一步推敲和比较建筑细节，例如，在建筑外表确定的情况下，楼层内部可以有不同的布置方式；建筑可以设计不同风格的楼梯、不同样式的阳台方案等。

在 Revit 中的"设计选项"，可以通过统一模型的不同设计选项，实现多种设计方案对比，便于推敲最佳设计方案。

要创建"设计选项"首先需要创建设计选项集，再由选项集里创建不同的设计选项。在设计过程的任何时候都可拥有多个设计选项集。

接下来以小别墅为例，创建两种不同类别的内墙分隔样式，如图 10-1 所示，步骤如下：

10.1.1 创建设计选项

（1）打开案例文件中的小别墅模型，将其定为设计选项的主模型，在项目浏览器中切换至"F1 设计选项"楼层平面视图，将该视图复制于 F1 标高楼层平面视图。

（2）在"管理"选项界面单击"设计选项"功能，打开"设计选项"对话框，Revit 将所有现有的图元放置于"主模型"中。单击"选项集"中的"新建"将创建

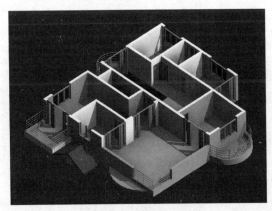

图 10-1 某小别墅局部

"选项集 1"，该选项集下方将自动添加"选项 1（主选项）"设计选项，选择"选项集 1"，单击"选项集"栏中的"重命名"，将该选项集名称重命名为"室内位置布置"。

（3）在设计选项列表中选择"选项 1（主选项）"，打开"编辑"中"编辑所选项"，表示正在编辑该选项，选择"关闭"，退出设计选项，Revit 将把项目中"主模型"内所有图元虚化显示。

（4）选择"墙"功能，设置墙类型为"200mm-基本墙"，调整墙高度为"F2"，墙"定位线"为"核心层中心线"，绘制一段内墙；在墙上添加 800mm 宽 2000mm 高的门，如图 10-2 所示。

（5）再次打开"设计选项"对话框，如图 10-3 所示，选择"选项 1（主选项）"单击"完成编辑"，完成当前设计选项。

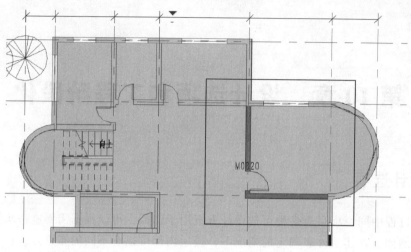

图 10-2　绘制内墙

（6）在"设计选项"的"选项"栏目中选择"新建"，为"室内位置布置"选项集创建新选项，系统默认命名为"选项2"，选择"选项2"，单击"编辑所选项"，进入"选项2"编辑状态，如图10-3所示，单击"关闭"按钮，退出"设计选项"。

（7）系统会隐藏之前所创建的墙和门图元，同时会虚化全部图元，参照之前相同的位置，绘制墙并按照图中位置添加门，如图10-4所示。

10.1.2　准备设计选项进行演示

（1）如图10-5所示，在"管理"选项卡的"设计选项"下拉列表中单击"主模型"，完成"选项2"设计，该操作与单击"设计选项"面板中"完成编辑"效果

图 10-3　"设计选项"对话框

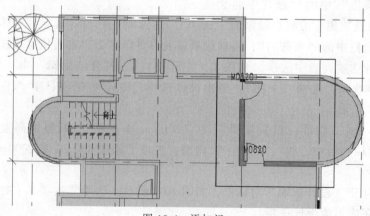

图 10-4　添加门

相同。此时 Revit 将显示原有模型的同时还显示
"选项 1"图元内容，因为"选项 1"为主选项。

（2）打开"可见性/图形替换"对话框，显
示有"设计选项"选项卡，如图 10-6 所示。选
择"设计选项"标签，列表中将显示项目中所
有已创建的设计选项集，把"室内布置"选项
集的设计选项更改为"选项 2"，完成后退出，
此时主模型图元和选项 2 模型将显示出来。

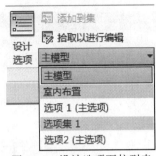

图 10-5　设计选项下拉列表

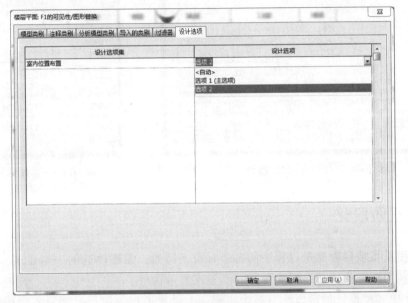

图 10-6　设计选项设置

10.1.3　编辑设计选项

（1）打开"门-明细表"，在明细表视图"可见性/图形"对话框中，把"设计选项"
更改为"选项 2"。

（2）打开"F1"楼层平面视图，在"管理"选项卡的"设计选项"面板中打开"主模
型"选项，把当前选项集设置为"主模型"。选择外墙，选中设计选项中"添加到集"工
具，打开"添加到设计选项集"对话框，在下拉列表中选择要添加的选项集，并在列表中
选择要添加的设计选项，单击"确定"按钮，将所选图元添加到所选择的选项中。

（3）打开"设计选项"对话框，如图 10-7 所示，在设计选项列表中选择"室内位置布
置"选项集中的"选项 2"设计选项，将"选项 2"设置为主选项，单击"接受主选项"，
Revit 将会出现警告对话框，提示将删除该选项集中除主选项之外的所有设计选项中创建的
图元，确定后，Revit 将从项目中删除该选项集。

【提示】

　　启动设计选项后，可以控制与各项中图元相关的立面符号、剖面符号、详图索引符号等
在设计选项时的可见性。以剖面符号为例，打开"属性"对话框，如图 10-8 所示，"在选
项中可见"中可以指定该剖面视图默认显示的设计选项。

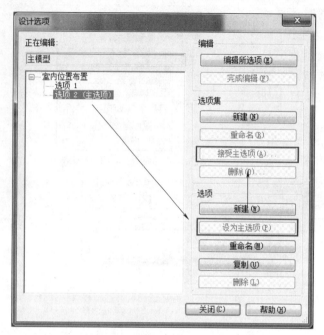

图 10-7　"设计选项"对话框

图 10-8　"属性"对话框

10.2　工程阶段化

工程阶段是指项目在建造过程中的各个时段，例如，需要改造的一栋建筑，可以分为 3 个阶段，分别为现有的构造、拆除构件和新建或改造构件。

在 Revit 中实现设计的阶段化有三个步骤：①设置工程的阶段；②对各个构件图元赋予阶段；③通过"阶段过滤器"控制各阶段的图元显示。

10.2.1　设置工程的阶段

1. 规划工程阶段

项目阶段划分的方式可以有很多种，主要考虑的划分原则在于与实际建造阶段一致和适合设计成果的需求，例如，一个项目的改造，它的阶段可以划分为现有的构造阶段、拆除构件阶段、新建或改建构件阶段，简化后为现有的构造阶段、工程改造阶段（包含拆除和新建）。下面以一个改造项目为例介绍在 Revit 中如何确定工程阶段，在练习文件中把项目划分为"现有构造阶段""工程改造阶段"两个阶段。

（1）打开项目文件，在"管理"面板中选择"阶段化"中的"阶段"工具，如图 10-9 所示。

（2）在"阶段化"面板中，各阶段的名称都可以进行修改，工程阶段默认的状态为"现有"和"新构造"两个阶段，为了方便理解，将这两个阶段重命名为"阶段 1-现有"和"阶段 2-改造"，如图 10-10 所示。

图 10-9　"阶段"工具

（3）工作阶段是有顺序的，阶段名称前的序号一定要注意，假如要插入新的阶段，那

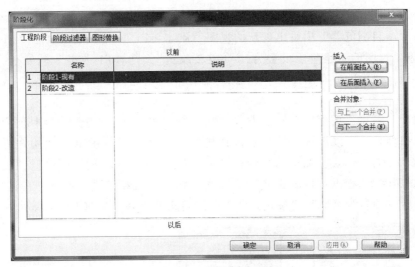

图 10-10　设置工程阶段

么阶段排序不能乱，因为在添加阶段之后就不允许重新排列。在"阶段化"中的"在前面插入"和"在后面插入"可以插入新的阶段。

2. 设置视图的工程阶段

项目的工程阶段确定后，各个项目图元就能设置不同阶段，这决定了当前视图所处的阶段，与"阶段过滤器"配合使用，可以使模型图元在视图中按要求显示。

（1）选择 F1 楼层平面视图，在视图中选择"属性"面板，如图 10-11 所示，将视图中"相位"修改为"阶段 1-现有"，"阶段过滤器"设置为"全部显示"，单击"应用"按钮设置完后，视图内所有操作都基于此阶段绘制，默认情况下新绘制的图元也均属于此阶段。

（2）在 F1 楼层平面视图中绘制出墙、门和窗等模型图元，将其作为现有阶段的构件，如图 10-12 所示。

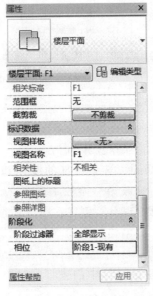

图 10-11　修改"阶段化"选项

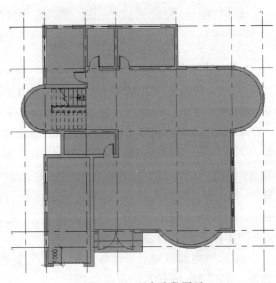

图 10-12　现有阶段图元

（3）在"项目浏览器"中选择 F1 楼层平面视图，右键选择"复制视图-带细节复制"，复制完成后"项目浏览器"中将出现新的视图"副本：F1"，将其重命名为"F1-改造"。再把"F1-改造"视图的工程阶段设置为"阶段 2-改造"，则"F1-改造"就处于"阶段 2-改造"阶段。而项目中的原有图元是"阶段 1-现有"内创建，不属于"阶段 2-改造"，所以 Revit 会淡显原有图元。

（4）对默认三维视图使用相同的方式对其进行设置，如果要把项目浏览器中的视图排列更为有序和直观，可以把视图按阶段进行排序。在"视图"中单击"用户界面"，选择"浏览器组织"，打开"浏览器组织"勾选"阶段"，如图 10-13 所示。选择"编辑"，打开"浏览器组织属性"，根据项目需要进行"过滤"和"成组和排序"设置，在这里按默认即可。在完成后"项目浏览器"将按选择的条件进行重新排列，如图 10-14 所示。

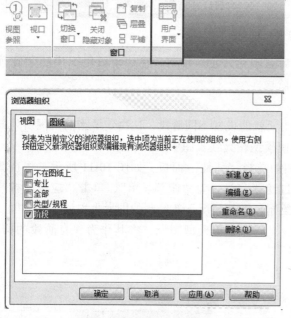

图 10-13　调整浏览器组织

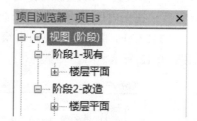

图 10-14　按阶段组织视图结构排列

10.2.2　对各个图元赋予阶段

工程阶段设定完成后下一步就需要对各个图元进行设置，图元的设置主要是对各个图元阶段属性的赋予，例如，在某一阶段内，房间的墙是拆除还是保留或是新建。

接着上一节的模型文件继续对各个图元进行属性赋予，操作步骤如下：

（1）在"项目浏览器"中打开"F1-改造"视图平面图，选择内部的墙体和门，如图 10-15 所示，在"属性"面板中把它们的"创建的阶段"修改为"阶段 1-现有"，"拆除阶段"修改为"阶段 2-改造"，则这些墙体和门就在"阶段 1-现有"创建，在"阶段 2-改造"被拆除。相对于工作阶段"阶段 2-改造"，之前在阶段 1 中创建的图元均是"现有"图元，如图 10-15 所示的蓝色淡显图元。

（2）当内墙拆除后，墙体的颜色和线型将更新，拆除的墙体中门也将同时修改为拆除状态，如图 10-16 所示的鲜红色图元。

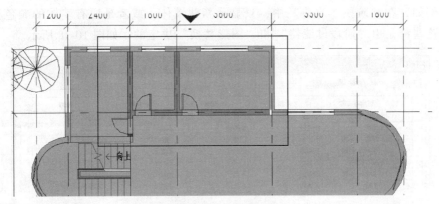

图 10-15　修改阶段化相位

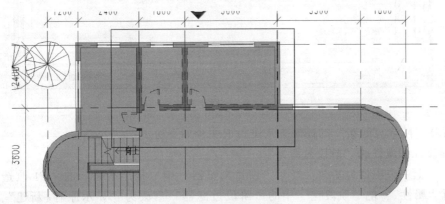

图 10-16　修改后效果

（3）在创建新的墙体和门时，注意新建墙体、拆除墙体和原有墙体它们在显示上是有区别。选择新建的墙体，属性中的"创建的阶段"参数将默认为"阶段 2-改造"，表示所建的墙体是阶段 2 中创建的新图元，如图 10-17 所示蓝显图元。

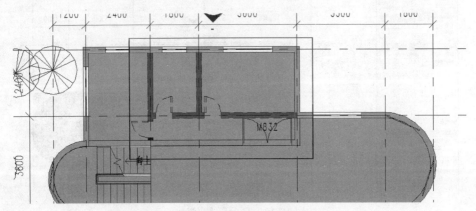

图 10-17　不同阶段的图元

10.2.3　控制各阶段的图元显示

　　在之前的步骤里所有视图在"阶段化"属性中，"阶段过滤器"参数均设置为默认"全部显示"，当前视图的图元显示方式均由该参数决定。视图中的图元显示方式可以根据自定义选择，例如，在"阶段 2-改造"中，只显示新建墙体，或者是原有墙体的颜色更改为其他颜色，这些都是由"阶段过滤器"和"图形替换"决定的，如图 10-18 所示。

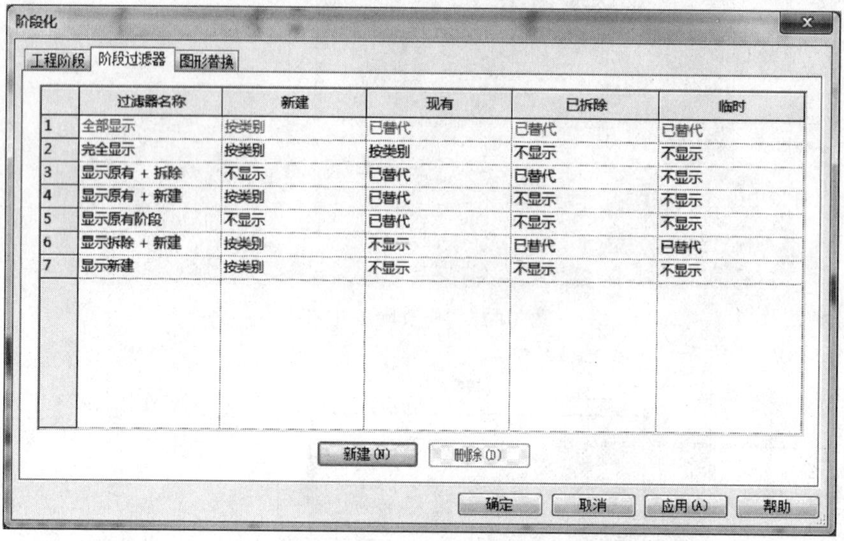

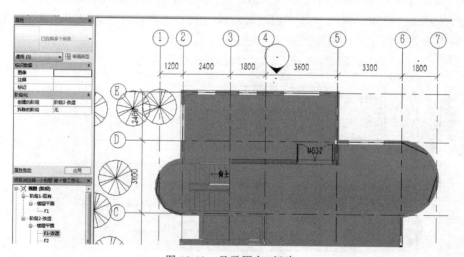

图 10-18　阶段化过滤器

下面对"阶段过滤器"的控制方式进行说明，如下所示：

1. 修改视图属性的"阶段过滤器"

（1）以上一节项目为基础，打开"项目浏览器"中"楼层平面"的"F1-改造"视图，打开视图"属性"，把"阶段化"中的"阶段过滤器"修改为"显示原有+新建"，则该视图仅显示原有图元和在现阶段内新建的图元，之前拆除的墙体图元将不再显示，如图 10-19 所示。

图 10-19　显示原有+新建

（2）在项目浏览器中选中"F1-改造"，右键选择"带细节复制"复制一个视图，并将该视图的名称重命名为"F1-原有拆除"，再把视图属性内的"阶段过滤器"修改为"显示原有+拆除"，"相位"修改为"阶段 2-改造"。完成后视图新建图元将不再显示，仅显示阶段 1 中原有的图元和拆除的图元，如图 10-20 所示。

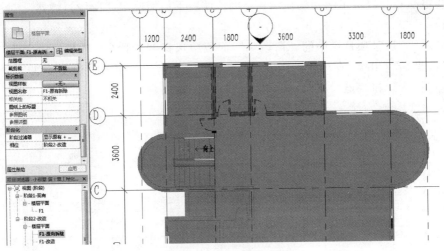

图 10-20　显示原有+拆除

（3）如果将"F1"视图属性中的"阶段过滤器"修改为"显示原有+拆除"，则不显示任何图元，如图 10-21 所示。之所以图元无法显示是因为在"F1"楼层平面视图的工作阶段是基于阶段 1 的，在此之前没有比之更早的阶段，同理相对于阶段 1 而言就没有拆除的构件，因为之前拆除的行为是发生在阶段 2 里，阶段 1 内没有任何拆除行为，所以在阶段 1 中使用"显示原有+拆除"阶段过滤器将不会显示任何模型图元。

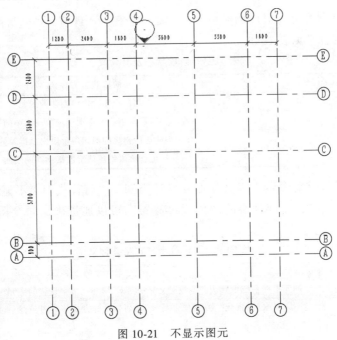

图 10-21　不显示图元

【提示】

如果要显示所有阶段的全部图元，就把"阶段过滤器"设置为"无"，之前隐藏的图元将全部显示。

2. 阶段过滤器的视图显示控制

"阶段过滤器"决定了图元的显示，下面说明一下如何使用"阶段过滤器"对视图显示进行控制。

（1）在"管理"项目栏中的"阶段化"面板中选择"阶段"，打开"阶段化"并切换至"阶段过滤器"。Revit 在项目默认模板中包含了几个常用的阶段过滤器，如"全部显示""显示拆除+新建"和"显示原有+拆除"等，如图 10-22 所示。

图 10-22　阶段过滤器

（2）每个过滤器都有相对应的阶段，分别是"新建""现有""已拆除""临时"四种阶段状态，它们的含义见表 10-1。

表 10-1　阶段状态及其含义

阶段状态	阶段状态的含义
新建	在当前视图阶段中创建的图元
现有	在之前阶段所创建并存在于现阶段当中的图元
已拆除	在之前阶段所创建的图元现阶段内已拆除的图元
临时	在上一阶段创建现阶段被拆除的图元

（3）这四个阶段状态显示方式又分别有"按类别""已替代""不显示"，各个图元显示方式的含义见表 10-2，不同种类的"阶段过滤器"可以通过确定每个阶段状态的图元显示方式，再重新组合。

表 10-2　图元显示方式及其含义

图元显示方式	图元显示方式的含义
按类别	图元根据系统中默认的参数定义显示图元，即与系统中设置的图元显示方式一致
已替代	图元根据"阶段化"中的"图形替换"内所修改的方式显示图元,而非按系统设置显示
不显示	图元不显示

（4）"阶段化"中的"图形替换"是指在"阶段过滤器"中的四个阶段状态的图形显示方式，它们根据阶段切换进行更改，以达到项目显示需求，如图 10-23 所示。

（5）下面以"显示原有+拆除"为例，表达"阶段过滤器"里的显示组合。在"项目

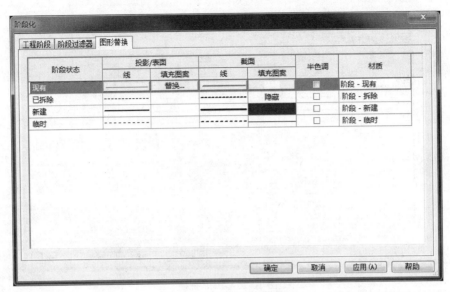

图 10-23 图形替换

浏览器"中打开"F1-原有拆除"平面视图，选择"管理"面板中"阶段化"中的"阶段"命令，打开"阶段化"选择"阶段化过滤器"选项，将"显示原有+拆除"的"新建"改为"已替代"，如图 10-24 所示。选择"图形替换"选项，把"已拆除"和"新建"中的线样式颜色改为如图 10-25 所示颜色，再勾选"半色调"，单击"确定"按钮，退出对话框，这时"F1-原有拆除"视图的变化如图 10-26 所示。

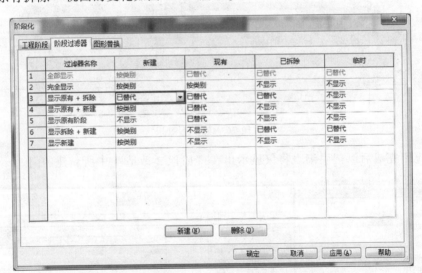

图 10-24 阶段过滤器

3. 阶段过滤器在明细表上的应用

"阶段过滤器"不仅在模型图元应用阶段上使用，还可以对明细表应用阶段使用。例如，在应用阶段中统计新创建的门数量或者其他指定阶段下所创建的类型数目。具体操作如下：

（1）打开门明细表属性，更改"阶段化"里的"阶段过滤器"和"相位"参数，分别为"显示新建"和"阶段 2-改造"，如图 10-27 所示，单击"应用"按钮。

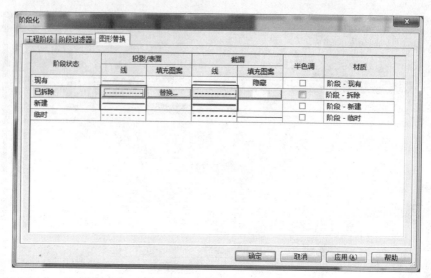

图 10-25　图形替换

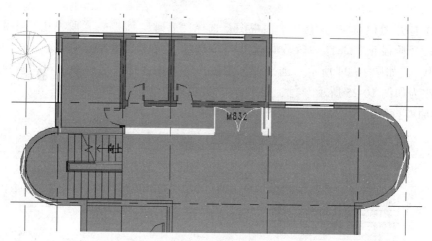

图 10-26　替换后效果

（2）应用完成后，门明细表将仅显示出在"阶段 2-改造"中所新建的门。

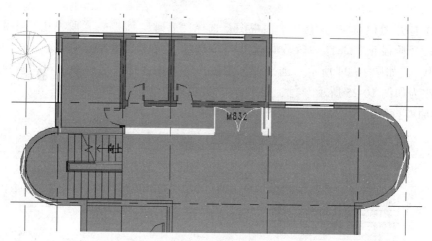

图 10-27　修改阶段化选项

第 11 章 协 同 工 作

11.1 协同准备工作

前期准备工作阶段是整个协同设计工作的基础，在此阶段需要确定 BIM 设计工作实施的信息交换平台、配套环境和协同工作规则。具体参考的工作流程为：

(1) 依据 BIM 项目合约和任务书等信息制定项目计划，进而形成项目工作内容和人员组织方式。

(2) 确定 BIM 设计模型的拆分原则、模型详细程度、模型质量控制程序和 BIM 设计交付标准。

(3) 确定 BIM 应用实施的软硬件系统。

(4) 按照确定后的要求进行项目样板、共享坐标和共享文件夹等的创建和准备。

在准备阶段，所要做的项目样板设置相当于 CAD 的协同预设，即以出图规范为标准，包括线型、线宽、图例表达等，在 Revit 中还包括视图样板、基本构件、统一参数命名等内容。

在 Revit 协同设计中的项目样板设置和出图难点在于模型的图例样式控制。在 AutoCAD 中是通过"图层"来对其信息进行分类管理和设定，而在 Revit 中，则运用对象类别和子类别系统来组织和管理各种模型信息。管理方式主要通过"对象样式"和"可见性/图形替换（快捷键 VV）"两种工具来实现。前者可以全局来控制"对象类别"和"子类别"的线宽和线颜色等，后者则可以在各个视图中对图元进行单独的控制，以满足不同视图对出图的要求，如图 11-1 和图 11-2 所示。

图 11-1　视图样式设置工具

在控制级别当中，控制优先级的先后顺序为：过滤器控制、替换主体控制、视图可见性设置、对象样式。即表示同一构件在不同设置的视图显示控制下，过滤器控制优先级别最高，其次为替换主体控制，再者为视图可见设置，最后为默认对象样式。

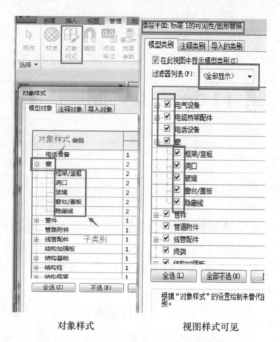

对象样式　　　　　　　　视图样式可见

图 11-2　对象样式和可见性/图形替换

11.2　链接文件协同

　　这种方式也称为外部参照，相对简单方便，使用者可以依据需要随时加载模型文件，各专业之间的调整相对独立，尤其是对于大型模型在协同工作时，性能表现较好，特别是在软件的操作响应上。但数据相对分散，协作的时效性稍差，如果不进行处理工作，模型会容易出现梁柱与墙体重叠等情况，影响模型信息的真实性。该方法可以适合大型项目、不同专业或设计人员使用不同软件进行设计的情形。

　　在链接文件协同时，以下是各专业文件与主体文件之间的关系，如图 11-3 所示。

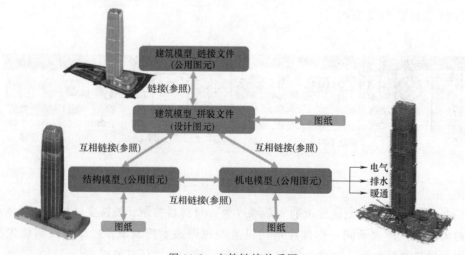

图 11-3　文件链接关系图

以 Revit 为例，说明文件链接方式的具体应用方法，操作步骤如下：

11.2.1 插入链接模型

（1）选择一个建筑项目样板文件新建项目或打开现有项目。

（2）选择"插入"选项卡中"链接"面板的"链接 Revit"命令，打开"导入/链接 RVT"对话框，如图 11-4 所示。

图 11-4 链接 RVT 文件

（3）在"导入/链接 RVT"对话框中，选择需要链接的 Revit 模型。

（4）指定"定位"方式。在"定位"一栏中有 6 个选项，如图 11-5 所示。通常情况下选择"自动-原点到原点"。

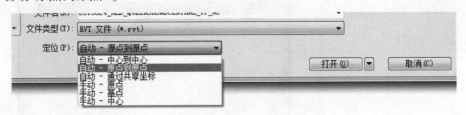

图 11-5 定位方式设置

（5）单击右下角的"打开"按钮，该建筑模型就链接到项目文件中。注意单击"打开"按钮前可以通过单击旁边的"黑三角"下拉按钮，可以选择需要打开的工作集。

（6）模型链接到项目文件中后，在视图中选中链接模型，可对链接模型执行拖动、复制、粘贴、移动和旋转操作。通常习惯将链接模型锁定以避免被意外移动。选中链接模型，单击功能区中的"修改 | RVT 链接"→"锁定"按钮，如图 11-6 所示，链接模型即被锁定。

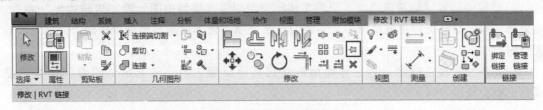

图 11-6 锁定链接模型

（7）链接的 Revit 模型在项目浏览器的"Revit"分支中，如图 11-7 所示。如果项目中链接的源文件发生了变化，则在打开项目时将自动更新该链接。

11.2.2 链接模型属性

1. 实例属性

选中该链接模型，其"属性"对话框如图 11-8 所示，可查看链接模型的实例属性，属性的含义分别是：

（1）名称：指定链接模型实例的名称。在项目中生成链接模型的副本（即复制链接模型）时会自动生成名称。可以修改名称，但名称必须唯一。

（2）共享场地：指定链接模型的共享位置。

2. 类型属性

选择链接文件，在"属性"对话框中的"编辑类型"可查看链接模型"类型属性"，如图 11-8 所示的右边对话框。类型属性内的各参数含义分别是：

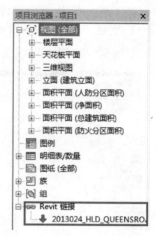

图 11-7　浏览器中的链接模型

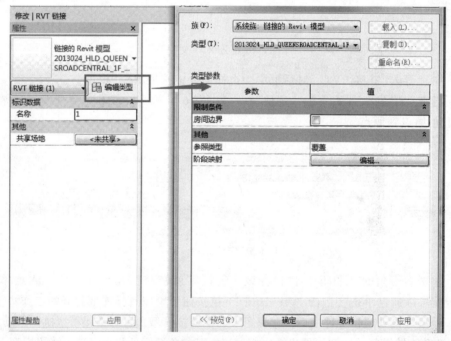

图 11-8　链接模型的类型属性

（1）房间边界：勾选该选项，可使主体模型识别链接模型中图元的"房间边界"参数。如果将结构模型链接到建筑模型中，通常勾选该选项，将读取建筑模型中房间边界信息以放置空间。

（2）参照类型：确定在将主体模型链接到其他模型中时，将显示"附着"还是"隐藏"此链接模型。

（3）阶段映射：指定链接模型中与主体项目中的每个阶段等价的阶段。

11.2.3　模型的可见性

1. 视图属性设置

在建筑、结构模型中，视图样板的"规程"大多设置为"建筑"或"结构"，而在 MEP 项目样板文件中视图样板的"规程"通常默认设置为"机械"或"电气"。当建筑、结构模型链接到 MEP 项目样板文件后，可能无法在主体模型的绘图区域中看到链接模型，此时，可以在主体文件当前视图的"属性"对话框中选择"协调"作为规程。如图 11-9 所示，确保显示所有图元。

图 11-9　规程设为"协调"

2. 参照类型设置

当导入包含链接模型的模型时，子链接模型就会成为嵌套链接。嵌套链接在主体模型的显示将根据父链接模型中的"参照类型"设置。打开嵌套链接的父链接模型，单击功能区中的"管理"→"管理链接"，打开"管理链接"对话框，如图 11-10所示。"参照类型"下拉列表中有两个选项："覆盖"和"附着"。选择"覆盖"，当父链接模型链接到其他模型中时，不载入嵌套链接模型，而选择"附着"则显示嵌套链接模型。其区别如图 11-11 所示。在插入链接模型时，默认设置为"覆盖"。

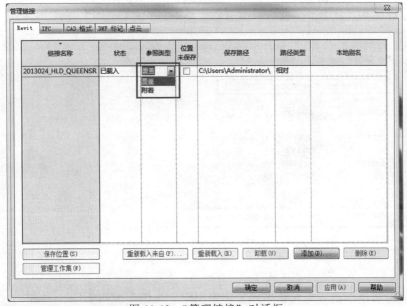

图 11-10　"管理链接"对话框

3. 可见性/图形替换设置

打开主体文件，单击功能区域中"视图"→"可见性/图形"，打开"可见性/图形替换"对话框。在 Revit 链接模型选项卡中，主体模型中的链接模型按树形状结构排列，父节点表示单独文件，子节点表示该项目中模型的实例。修改父节点会影响所有实例，而修改子节点仅影响该实例，如图 11-12 所示。

11.2.4 链接模型中的图元

（1）查看图元属性。在绘图区域中，将鼠标指针移动到要查看的图元上，按"Tab"键直到选中链接模型高亮显示，然后单击该图元将其选中，查看图元属性。

（2）对齐图元。可以将链接模型中的图元用作尺寸标注和对齐的参照，也可以创建主体模型中的图元和链接模型中的图元之间的限制条件。

（3）标记图元。在主体模型的某个视图中标记图元时，也可以标记链接模型和嵌套模型中的图元，可以使用"按类别标记"或"全部标记"工具进行工作。

（4）复制图元。可以将链接模型中

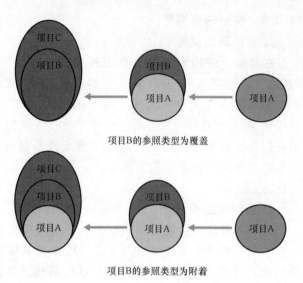

图 11-11　参照类型选择"覆盖"或"附着"的区别

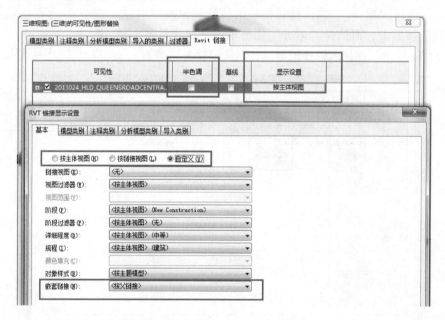

图 11-12　RVT 链接显示设置

的图元复制到粘贴板，然后将其粘贴到主体模型中。操作方法如下：

1）在绘图区域中将鼠标指针移动到要复制的链接模型中的图元上。按"Tab"键直到要复制的图元高亮显示，然后单击该图元选中。

2）单击功能区中的"修改 | RVT 链接"→"复制"按钮，如图 11-13 所示。

3）单击功能区中"修改 | RVT 链接"的"粘贴"按钮，在绘图区域中单击放置图元后激活"修改模型组"选项卡，单击"完成"按钮，完成粘贴。完成粘贴后的图元将直接成为主体模型。

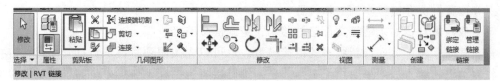

图 11-13 "复制"与"粘贴"命令

11.2.5 管理链接

打开"管理链接"对话框方法有两种：

(.1) 单击功能区中"插入"→"管理链接"，如图 11-14 所示。

图 11-14 通过"插入"选项卡

(2) 单击功能区中的"管理"→"管理链接"；如图 11-15 所示。

图 11-15 通过"管理"选项卡

11.2.6 链接管理选项

在"链接文件"列下单击或选择多个链接文件，可以通过以下选项对链接文件进行相关操作，如图 11-16 所示。

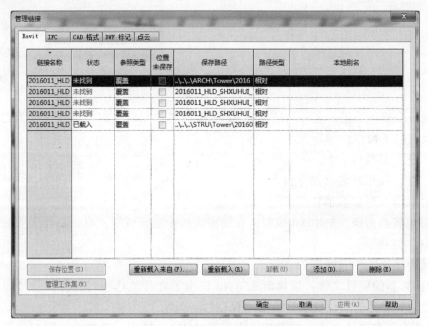

图 11-16 "管理链接"对话框

保存位置：保存链接实例的新位置。

重新载入来自：如果链接文件已被移动，更改链接路径。

重新载入：用于载入最新版本的链接模型。也可以先关闭项目再重新打开项目，链接的模型将自动重新载入。如果启用了工作共享，则链接将包括在工作集中。如果更新链接文件并想重新载入该链接，则链接所处的工作集必须处于可编辑状态。如果工作集不能编辑，则会显示一条错误信息，指示由于工作集未处于可编辑状态，因而不能更新链接。

卸载：删除项目中链接模型的显示，但保留链接。

删除：从项目中删除链接。

管理工作集：如果链接模型中已创建了工作集，则该选项可编辑。

11.2.7　绑定链接

"绑定链接"可使链接模型转换为组并载入到主体项目中，成组后可以编辑组中的图元。完成编辑后，也可以将组转换成链接的 Revit 模型。

（1）将链接的 Revit 模型转换为组。单击功能区中"修改 | RVT 链接"→"绑定链接"，打开"绑定链接选项"对话框，选择要在组内包含的图元和基准，然后单击"确定"按钮，如图 11-17 所示。

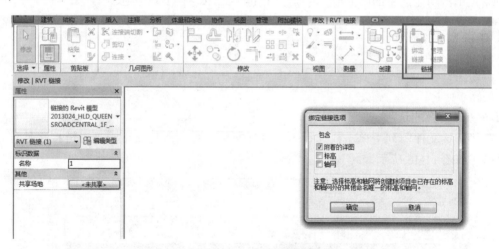

图 11-17　绑定链接

如果项目中有一个组的名称与链接的 Revit 模型名称相同，则将显示一条消息指明此情况。可以执行以下操作：

单击"是"替换现有组。

单击"否"使用新名称保存组。

单击"取消"可以取消转换。

（2）将组转换为链接的 Revit 模型。在绘图区域中选择该组，单击功能区中的"修改 | 模型组"→"链接"。

在"转换链接"中选择下列之一：

1）替换为新的项目文件：创建新的 Revit 模型。选择该选项时，将打开"保存"组对话框，定位到要保存的文件位置，单击"保存"。

2）替换为现有项目文件：将组替换为现有的 Revit 模型。选择此选项时，将开启"打开"对话框，定位到要使用的 Revit 文件位置。然后单击打开。

11.3　工作集协同

工作集协同相对于链接功能而言可以更进一步的实现多人同时协同设计，模型同步更新，可以及时通知其他设计师所变动的地方。在工作集协同上，工作集需要由项目负责人创建和进行权限的设置，一般可在局域网内创建完毕。具体创建如下：

（1）在 Revit"新建"一个项目文件，绘制好轴网与标高，如图 11-18 所示。

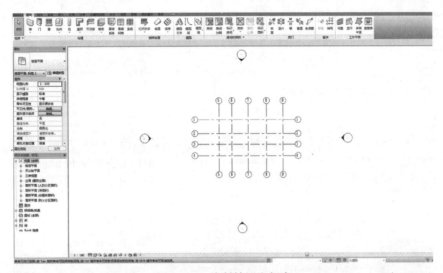

图 11-18　绘制轴网和标高

（2）在"协作"选项卡下，单击"工作集"命令，重命名默认的"工作集 1"，如"aa"，如图 11-19 所示。

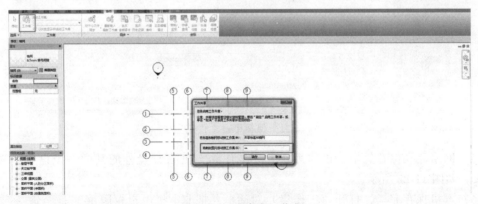

图 11-19　重命名工作集

（3）单击"确定"按钮后，在弹出对话框中的右上角单击"新建"按钮，创建新的工作集，如"bb""cc"。其他不做任何更改，单击"确定"按钮，如图 11-20 所示。

【提示】

工作集一般需要根据工作内容性质规范命名，以便相互沟通和理解。

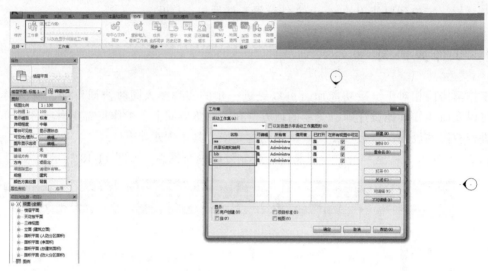

图 11-20　新建工作集

（4）按"Ctrl+S"键保存工作集文件，给文件命名，如图 11-21 所示，通过"网络路径"保存到局域网主机的一个共享文件夹中（此时会自动生成一个文件或两个文件夹，勿删）。保存完毕，"保存"按钮会变暗，"协作"选项卡的"与中心文件同步"按钮会亮起。

图 11-21　保存中心文件至主机

（5）网络路径保存完毕，再"另存为"文件到本机除 C 盘外的其中一个盘中，文件名自定义，如图 11-22 所示。

（6）本机保存完毕，打开"工作集"对话框，把非本机用户权限由"是"改为"否"，释放其他协作人员权限，如"bb""cc"用户，如图 11-23 所示。

（7）"确定"后，"保存"文件，再单击"与中心文件同步"按钮保存，工作集中心文件便建立成功，如图 11-24 所示。

（8）其他用户通过"网络路径"打开中心文件（打开文件之前，先把软件用户名改为易区分名称，通过【应用程序菜单】→【选项】→【用户名】），打开"工作集"对话框，

图 11-22 另存为本地文件至本机

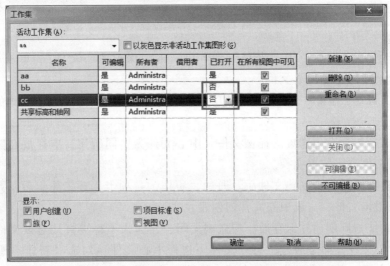

图 11-23 修改用户权限

把自己"用户名"权限由"否"改为"是",其他用户权限不做修改。单击"确定"按钮后"保存"文件到本机,立即"同步中心文件",活动工作集表示用户创建的模型都属于当前该工作集,如图 11-25 所示。

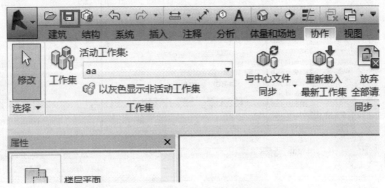

图 11-24 保存并与中心文件同步

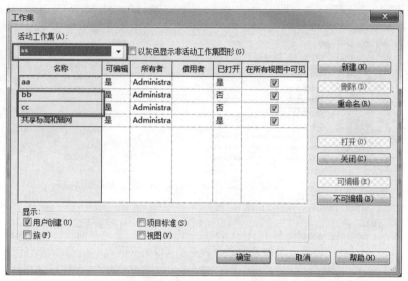

图 11-25 工作集设置

（9）用户修改文件后，先"保存"到本机，再"保存中心文件"，单击"立即同步"即可把自己的创建同步到中心文件。

（10）再次打开工作集时，不用直接打开中心文件，而是直接打开保存在本地的副本文件。

注意事项：

1）中心模型为含有工作集的模型文件。中心文件为协同所用，应存放在服务器内，与本地用户模型文件进行数据交换。

2）中心模型的创建：创建文件后，通过"协作"选项卡创建工作集后，并另存为在指定路径内，关闭该文件，完成中心文件的创建。

3）中心文件一旦创建并保存后，应立刻关闭，任何人不得再直接对该文件进行修改或双击打开该中心文件，而是通过"打开文件→选择中心文件→勾选'新建本地文件'"的方法创建本地文件，并在内工作，各个用户均使用本地文件工作，通过中心文件进行数据交换，另外有两点特别注意的如图 11-26 和图 11-27 所示。

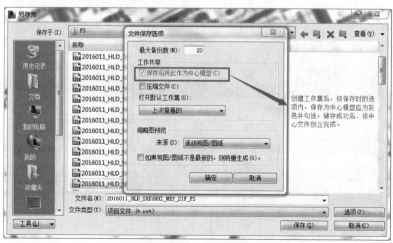

图 11-26 文件保存选项

4）本地文件一以登录用户名命名，以该用户名来区分权限所有者名称，存放在本地计算机内的模型文件，通过与中心模型的数据交换来进行与其他用户的本地模型进行协同。该本地文件默认存放在"我的文档"内，可通过设置更改存放路径。

5）本地文件的创建："Revit一文件一打开"打开指定路径内的中心模型，其选项卡下"创建本地文件"将会默认打钩，继续打开后，将成功在默认路径下以"中心文件＿用户名"的格式创建本地文件，注意若不能勾选"创建本地文件"，说明该中心模型文件并未创建，先返回创建中心模型，如图11-28所示。

警惕：假如使用双击，或者直接打开中心模型的状态下，该保存项会呈现灰色，不能保存，只能另存！另存若覆盖原文件，将破坏掉中心文件与本地工作文件的联系，严禁出现此情况。

图11-27 禁止覆盖中心文件

图11-28 "打开"对话框

6）用户名：项目内的用户名因涉及权限管理，所以必须是唯一的，创建本地文件或打开文件前，请确保使用正确的用户名。

7）工作共享更新频率：该设置涉及权限信息交换的频率，根据需要调整，太频繁会导致网络堵塞。

8）工作集：给予用户自定义工作内容，以区分权限的一种划分方式。

一般适合以区域，例如"1F""2F""外立面"和"内部功能"等，或者以工作性质，例如"户型详图""楼梯详图"和"尺寸标注"等进行命名，工作集命名不能使用用户名区分，因用户名称已在所有者里进行默认分类。

当用户在处于特定的"活动工作集"下，创建的所有模型都属于该工作集，若在不属于自己权限的"活动工作集"下创建模型则会显示"不能编辑"，只能创建属于别人权限的模型，但不能修改，所以请注意用户自己所处的活动工作集是否正确。

用户在指定工作集的"可编辑"处于"是"的状态下，说明该工作集的权限属于该用户，选择"否"则是把该工作集权限释放。

工作集若不属于任何用户（"可编辑"下显示"否"），则首位对其内容编辑的用户将成为其借用者，其他用户将不能编辑，所以用户在编辑不属于自己权限的物体时，将提示需要经过对方授权，然后将发送信息给权限所属者，遭拒绝则不能修改，同意修改后，用户将成为该物体的借用者，用户务必在修改后释放借用权限。

注意：工作集的权限不仅限于用户创建部分，勾选选项内包括"项目标准""族"和"视图"等项目设置也属管理权限。用户应该注意不要随意"借用"权限后（任何编辑均造成"借用"）不释放离开。假如因设计人难以理清和掌握权限概念，可采用经常同步更新并选取释放所有权限来暂时解决问题。

11.4　坐标协调

在链接项目文件时，确定链接模型的定位关系有"自动-中心到中心""自动-原点到原点""自动共享坐标"或者"手动-原点""手动-基点""手动-中心"。而基点与测量点只能用于记录项目内部的图元间相对坐标关系，各链接文件间的相对位置关系由"共享坐标"提供记录。

下面举例说明如何利用坐标协调来进行项目间的坐标和相对位置调节。

（1）打开样例文件"小别墅"，选择"项目浏览器"切换到 F1 楼层平面视图，打开"属性"面板中的"可见性/图形"对话框，选择"测量点"和"项目基点"使其能在平面视图中显示出来，如图 11-29 所示，完成后确定退出。

（2）在"管理"选项卡中选择"地点"选项，弹出"位置、气候和场地"对话框，如图 11-30 所示。

图 11-29　显示测量点和项目基点

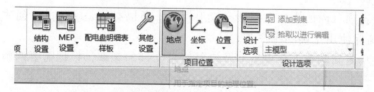

图 11-30　"位置、气候和场地"对话框

（3）在"位置、气候和场地"对话框中，选择"场地"，如图11-31所示，在"此项目中定义的场地（S）"中显示当前项目已定义的位置，选择默认的选项不进行修改，确定退出"管理地点和位置"对话框。

（4）另打开一个Revit文件，绘制任意模型构件，新建一个".rvt"项目文件，同上（1）的操作打开"测量点"和"项目基点"子类别显示，选中"项目基点"在"属性"中把"南/北"设置参数为-1000，"东/西"参数设置为-1000，此时"项目基点"位置位于测量基点左下方，项目基点x、y、z坐标为"－1000，-1000，0"。

（5）切换至"小别墅"模型，在"插入"选项卡中选择"链接revit"工具，选择插入之前制作的".rvt"文件，定位为"自动-原点到原点"方式链接文件。完成后选择".rvt"链接文件，用快捷键"MV"移动命令将其往左下方移动到"-2000，-2000"位置。

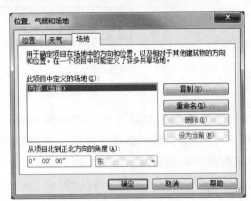

图11-31 "场地"选项卡

（6）在"管理"选项卡中选择"坐标"工具，再选中"发布坐标"选项，如图11-32所示，单击链接模型中任意图元将当前模型相对位置共享给".rvt"项目。此时将自动弹出".rvt"链接项目的"位置、气候和场地"信息，并自动切换到"场地"选项卡，选择"复制"选项，输入新位置命名"-2000，-2000"完成新共享坐标名称，保存退出。此时已将共享坐标保存在链接文件".rvt"中。

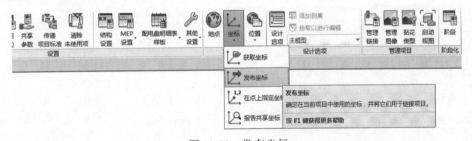

图11-32 发布坐标

（7）选中链接".rvt"，运用"CO"复制快捷命令，把链接模型复制到"－12000，-2000"位置。再重复上一步操作创建，并保存至链接项目文件中。再重新打开".rvt"在"管理"选项卡中选择地点选项，弹出"位置、气候和场地"切换至"场地"选项卡。此时文件中已经新建了"-2000，-2000"和"－12000，-2000"两个场地位置点，确定无误后不做修改关闭文件。

（8）返回"小别墅"项目打开"管理链接"对话框，删除链接".rvt"项目文件，再选择链接工具，重新链接".rvt"项目文件，重新定位选择"自动-通过共享坐标"，确定后打开链接该项目文件，此时Revit将弹出"管理地点和位置"对话框，选择"－2000，-2000"位置，并单击"确定"按钮，Revit就把链接文件放置在"－2000，-2000"位置，同理链接至"－12000，-2000"位置也是同样方法。这样就可以进行链接文件的相对位置确定，完成后关闭当前项目，不作保存修改（图 11-33）。

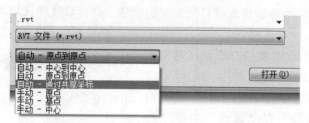

图 11-33　定位选择"自动-通过共享坐标"

"共享坐标"记录了链接文件的相对位置，并将坐标位置保存在链接文件的位置列表中，可以在重新指定链接文件时，使用"共享坐标"快速定位，节约在项目中因为链接模型定位所消耗的时间。

第2篇 高层综合楼应用案例

第12章 案例的项目准备

本章内容将详细讲解，在一个项目启动阶段如何组建团队，相关的前期准备工作有什么，如何对其轴网、标高等参照进行定制，并借助已有条件进行快速录入。

12.1 团队组建和前期准备

目前，国内使用 Revit 进行施工图设计主要分为两种方式：其一是在已有 Revit 方案设计模型上进行施工图深化设计，符合 BIM 全生命周期应用的技术过程和理念；其二是在已有二维 CAD 方案或施工图设计图纸上进行翻模，再开展施工图深化设计，这种方式是目前业界为了调和两种图形技术体系而采用的技术解决方案。为了使本案例制作忽略具体工程设计过程的众多技术细节问题，集中学习 BIM 建筑施工图模型构建要点，本案例采用后者的制作方式。

BIM 施工图制作是较为细致的工作过程，以学习为主要目的，本案例一方面对项目制作进行了简化处理；另一方面主要抽取有代表性的技术部分进行介绍，配套的参考模型也仅仅反映该部分技术制作过程，一些具体工程技术问题不在本书探讨范围之内。如需进一步了解，可查看原有项目图纸。

12.1.1 团队组建

开展一次完整的 BIM 施工图制作，包含建筑、结构、设备等专业工种，需要各专业参与建模并开展协同工作，因此需要完整的项目管理架构，这样才能职责分明的开展工作，才能协调好建筑与其他专业之间的各种技术问题，高效率的完成施工图设计任务。这方面具体可参看本书第 1 篇 1.2 节的相关内容，BIM 团队结构可参考图 12-1 所示。本案例主要针对建筑专业的 BIM 施工图设计，所以主要介绍建筑专业成员组的分工内容。

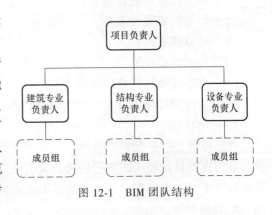

图 12-1 BIM 团队结构

建筑专业的 BIM 模型构建和出图工作一般可以将工作人员分为两类，其中一类是负责项目样板文件、建模标准的设定，各构件族的制作以及协同环境搭建（一般可考虑 1 或 2人）；另一类是负责具体的项目建模和构件拼接工作（可考虑 2 或 3 人左右），以上的人数建议是仅在一般条件下，具体可根据单位参与人员以及项目的规模进度进行设定。后者根据需要还可分工为内部构件建模（如墙、楼板和楼梯等）以及建筑外表皮（如外墙装饰层）和屋顶建模。

12.1.2　相关前期准备

1. 团队管理规则和协同环境搭建

目前在国内 BIM 项目制作中，普遍对团队架构设计和职责的落实不重视，这是致命的错误。BIM 项目讲究建模规则，讲究协同，过程既有工程技术问题也有 BIM 工具问题需要沟通和解决，缺乏团队管理规则和架构是无法有效解决上述问题的，这也是目前设计单位 BIM 施工图设计效率无法提高的根本原因之一。因此在项目开展之前应该及早根据项目特点确定团队管理架构，一般可按图 12-1 所示作为架构的框架基础，一般建筑工种负责人应该在团队中处于总体统筹协调的角色，一些规模较小的项目甚至项目负责人和建筑工作负责人为同一人。上述的管理架构应作为项目操作规程的首要部分，简洁明了地明确各专业的分工和协调机制。

BIM 项目设计的优势是能实现多工种协同，因此在项目开始前或者基本稳定之后可以搭建协同服务环境。一般 BIM 的协同方式有两种，分别为文件链接和工作集。若采用文件链接方式，则不同专业之间的 Revit 模型文件需要定期链接关联，然后协调工作，这种方式操作方便，硬件资源消耗相对较少，但实时关联性较差；若采用中心文件工作集的方式，这种方式前期准备工作较多，对团队管理要求高，但实时协调关联较好，一般是同专业或者同一个团队进行内部协同，可根据需求采用。根据项目特点确定上述协同模式后，一般建议由项目负责人或建筑工种搭建项目协同环境和协同规则，统筹各专业开展工作。

2. 项目样板

Revit 软件本身自带项目样板，但与本地化工作习惯和出图要求会有一定差距，因此需要结合项目类型和出图要求进行适当设定。

构建项目制作基本环境。如果在方案设计初期就开始使用 Revit，那么项目样板由该阶段的负责人创建。对于本案例，Revit 模型是参考已有 CAD 图创建，故项目样板由施工图设计人员创建。项目样板设定本书 4.5 节，主要包括：

（1）项目浏览器的设置。

（2）线型与线宽设置。

（3）对象样式设置。

（4）视图样板设置。

（5）模型族和注释族的准备。

（6）其他项目样板设置，如门窗明细表、二维族的设置、图纸预设等。

3. 视图样板

视图样板是一系列视图属性，如视图比例、规程、详细程度以及可见性等。使用视图样板可以为视图显示和出图进行快速设置，可以提高出图效率和准确度。视图样板已包含在项目样板之中。本案例在练习文件中已有视图样板，可参考使用。

4. 建模标准

在创建 BIM 模型前，为了保证建模的统一，应当结合项目规模和类型、应用点等因素，建立一套面向各专业的建模标准，包括 BIM 模型空间定位及建模方式，以便后续的 BIM 工作开展。对于建筑专业应用 Revit 进行设计与施工图表达，根据实际工作需要，建模标准可以有两种考虑方式。一种是基于本专业快速建模为出发点，不过多地考虑后续算量问题，比如建筑楼板采用整体的方式建模，而不为了算量准确分开来建；另一种则是考虑到后续工程算量的准确性，需要确定各构件的扣减问题，这些在项目之初就应该进行统一。基本的建模规则可以参看本书第 1 篇第 1.3.3 节。

5. 其他准备工作

其他准备工作因项目而异，总体而言，项目负责人既要有项目预见性，能把一些可以标准化的措施提前约定，同时也应该根据项目的进展灵活运用技术解决项目问题。结构和设备等相关专业在开展工作前，也应进行必要的技术准备。例如，建筑专业的 Revit 模型创建一般先于结构专业，Revit 结构模型是基于建筑模型上创建的。当采用文件链接的协同方式，结构专业人员获得建筑模型后，需要以此为基础，进行必要的技术转换，转换的过程一般为：保留建筑模型中的结构构件以及参照构件，将无关的墙体、门窗和装饰等构件删除，然后在此基础上，创建和修正结构构件，完成建筑模型到结构模型的转换。

12.2　新建项目

（1）启动 Revit 软件，单击软件界面左上角的"应用程序菜单"按钮，在弹出的下拉菜单中依次单击"新建"→"项目"，如图 12-2 所示。

（2）在弹出的"新建项目"对话框中单击"浏览"，如图 12-3 所示，在"选择样板"对话框中选择配套案例提供的样板文件"项目实战专用样板.rte"并确定，如图 12-4 所示。

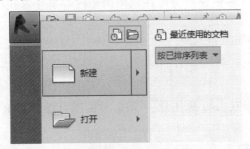

图 12-2　新建项目

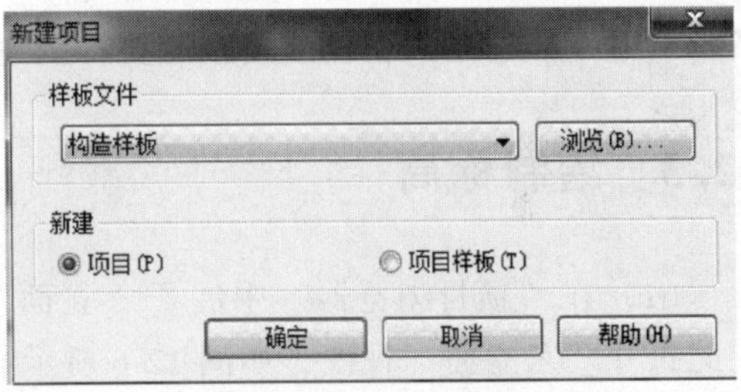

图 12-3　"新建项目"对话框

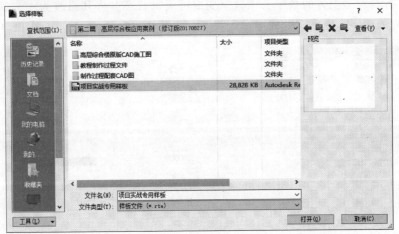

图 12-4　"选择样板"对话框

（3）系统将新建以"项目实战专用样板 . rte"为基础的项目文件，里面暂时没有模型，但有系统基本设置和少量自定义族文件，如图 12-5 所示。

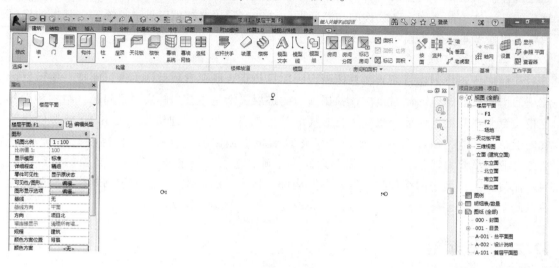

图 12-5　项目初始界面

（4）按"Ctrl+S"键将文件保存到特定位置。当文件绘制到一定程度，建议单击界面左上角的"应用程序菜单"按钮，在弹出的下拉菜单中单击"另存为""项目"，将文件另存为新的项目文件，然后继续在新创建文件中绘制。多创建备份可在模型出错时容易寻求相应备份（这一点对于大型模型场景需要特别注意）。

12.3　绘制标高

（1）在"项目浏览器"中展开"立面"项，双击打开任意一个立面视图可绘制标高，在此打开"东立面"视图，如图 12-6 所示。

（2）系统默认设置了三个标高：室外标高、F1 标高和 F2 标高。可根据需要修改标高高度，单击 F2 标高符号上方的数字，该数字变成可编辑状态，将其修改为"5.2"，单击室外标高符号下方的数字，该数字变成可输入状态，将其修改为"−0.15"（图 12-7）。

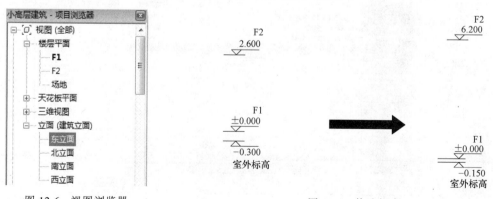

图 12-6　视图浏览器　　　　　　　　　　　　　图 12-7　修改标高

标高的绘制有三种方法，一种是用"标高"工具直接绘制；另外两种分别是通过现有的标高"复制"或"阵列"，三种方法有一定区别，以下主要演示较常用的第二种方法。

（3）第二种方法：选择标高 F3，单击功能区"复制"工具，并勾选选项栏的"约束"和"多个"选项，鼠标指针回到绘图区域，在标高 F3 上单击，并向上移动，此时可直接在键盘输入新标高与被复制标高间距数值"3600"，单位为毫米，输入后按"Enter"键，完成一个标高的复制，如图 12-8 所示。

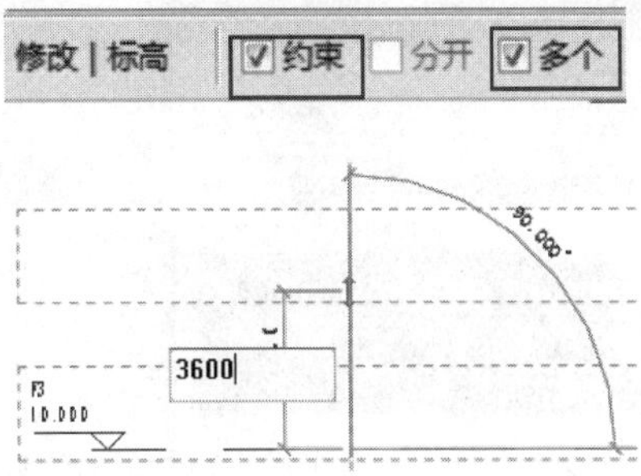

（4）由于勾选了选项栏"多个"，可继续输入下一标高间距"3600"来绘制新标高，如图 12-9 所示。通过以上"复制"的方式完成标高 F4 及 F5 的绘制，结束复制命令可以单击鼠标右键，在弹出的快捷菜单中单击"取消"按钮，或者按"Esc"键结束。

最终所有标高效果如图 12-10 所示。

图 12-8 复制标高

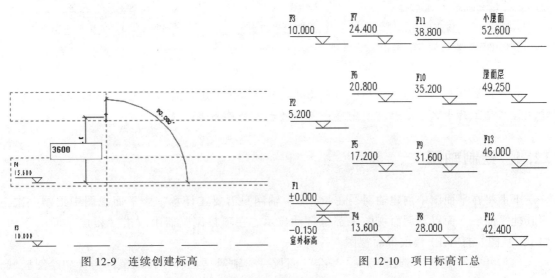

图 12-9 连续创建标高

图 12-10 项目标高汇总

【提示】

观察"项目浏览器"中的"楼层平面"下的视图，可发现通过复制及阵列的方式创建的标高均未生成相应平面视图；同时观察立面图，有对应楼层平面的标高标头为蓝色，没有对应楼层平面的标高标头为黑色，双击蓝色标头，视图将跳转至相应平面视图，而黑色标高不能引导跳转视图。

（5）如图 12-11 所示，切换到"视图"选项卡，单击"平面视图"→"楼层平面"。

（6）在弹出的"新建楼层平面"对话框，通过"ctrl"键或"shift"键选中所有标高，如图 12-12 所示，单击"确定"按钮。

（7）再次观察"项目浏览器"，如图 12-13 所示，所有复制和阵列生成的标高均已创建了相应的平面视图。

图 12-11 选择"楼层平面"

（8）进入南立面选择所有标高，锁定所有标高，如图 12-14 所示。

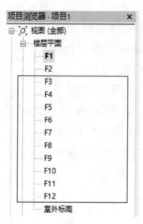

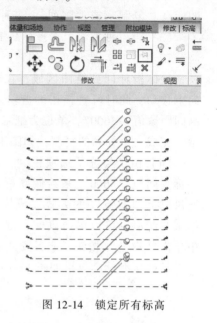

图 12-12　"新建楼
层平面"对话框

图 12-13　楼层平面浏览器

图 12-14　锁定所有标高

【提示】

锁定后的构件不能移动，删除锁定构件系统会提醒是否删除锁定图元。锁定标高是为了防止在后续工作中不小心移动或删除标高等造成不必要的错误。

12.4　绘制轴网

下面将在平面图中创建轴网。在 Revit 中轴网只需要在任意一个平面视图中绘制一次，而其他平面、立面以及剖面视图中都将自动显示。在项目浏览器中双击"楼层平面"下的"F1"视图，打开 F1 楼层平面视图。

（1）单击"建筑"选项卡→"基准"面板→"轴网"工具，移动鼠标指针到绘图区域中左上角，单击鼠标左键捕捉一点作为轴线起点，然后从上向下垂直移动鼠标指针一段距离后，再次单击鼠标左键捕捉轴线终点创建第一条垂直轴线，观察轴号为 1。

（2）选择 1 号轴线，单击功能区的"复制"命令，在选项栏勾选"约束"和"多个"选项，如图 12-15 所示。移动鼠标指针在 1 号轴线上单击捕捉一点作为复制

图 12-15　勾选"约束"和"多个"

参考点，然后水平向右移动鼠标指针，输入间距值 7800 后按"Enter"键确认后完成 2 号轴线的复制。保持鼠标指针位于新复制的轴线右侧，继续依次输入 8000、8200、150、6450、6550、6650，并在输入每个数值后按"Enter"键确认，完成 3~8 号轴线的复制，按"Esc"键结束绘制（图 12-16）。

（3）单击"建筑"选项卡→"基准"面板→"轴网"工具，使用同样的方法在视图左下角单击定位，绘制水平轴线。选择刚创建的水平轴线，单击标头，标头数字 9 被激活，输

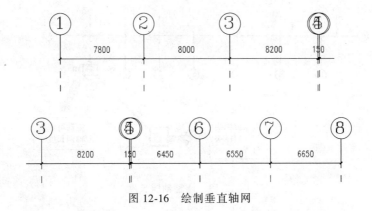

图 12-16 绘制垂直轴网

入新的标头文字"A",完成 A 号轴线的创建,如图 12-7 所示。

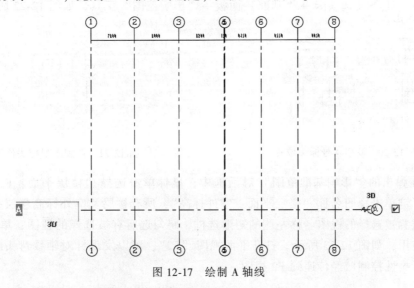

图 12-17 绘制 A 轴线

(4)选择轴线 A,单击功能区的"复制"命令,选项栏勾选多重复制选项"多个"和正交约束选项"约束",移动鼠标指针在轴线 A 上单击捕捉一点作为复制参考点,然后水平向上移动鼠标指针至较远位置,依次在键盘上输入间距值 8300、8000、8300,并在每次输入数值后按"Enter"键确认,完成 B~D 号轴线的复制,如图 12-18 所示。

(5)如果绘制完成后发现轴网不在四个立面符号中间,可以框选所有轴网,使用"移动"命令,调整轴网位置。选择任意轴网,轴网标头内侧将出现空心圆,按住空心圆向上或向下拖动,将调整轴网长度,锁形标记表示该标头与其他标头对齐,如图 12-19 所示。

(6)由于距离近,4 号轴线与 5 号轴线的标头发生了重叠。本例中需要选择 4 号轴线,单击轴线标头内侧的"添加弯头"符号,然后通过拖动夹点可修改 4 号标头偏移的位置,如图 12-20 所示。同理修改 5 号轴网,如图 12-21 所示。

(7)打开平面视图 F2,观察该视图发现,针对轴线弯头的添加

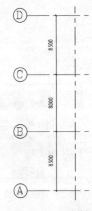

图 12-18 绘制
B~D 轴线

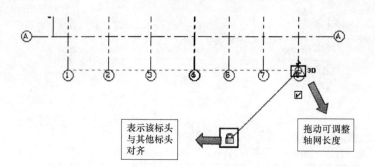

图 12-19　调整轴线长度

及个别轴头的可见性控制并未传递到 F2 视图。这时需要回到 F1 视图，框选全部轴线，单击"修改/轴网"上下文选项卡→"基准"面板→"影响范围"工具，如图 12-22 所示。

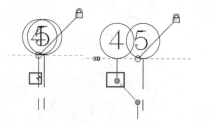

图 12-20　调整 4 号标头位置

图 12-21　调整 5 号标头位置

（8）在弹出的"影响基准范围"对话框中，鼠标单击选择"楼层平面：F2"，然后按住"Shift"键单击视图名称"楼层平面：室外标高"，所有楼层及室外标高楼层平面将被选择，单击任意被选择的视图名称左侧的矩形选框，将勾选所有被选择的视图，单击"确定"按钮完成应用，如图 12-23 所示。打开平面视图"F2"，可以发现针对轴线弯头的添加及个别轴头的可见性控制已经传递到 F2 视图。

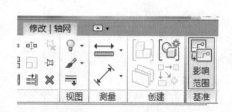

图 12-22　选择影响范围

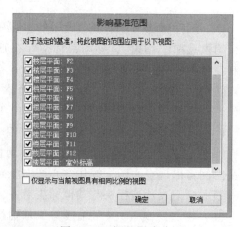

图 12-23　调整影响范围

（9）为防止绘图过程中因误操作移动轴网，建议将轴网锁定。打开平面视图"F1"，框选所有轴网，单击功能区工具"锁定"，如图 12-24 所示。

（10）调整完成后的轴网如图 12-25 所示。

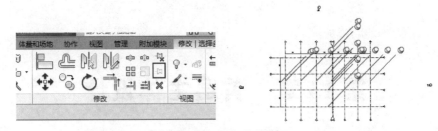

图 12-24　锁定所有轴网

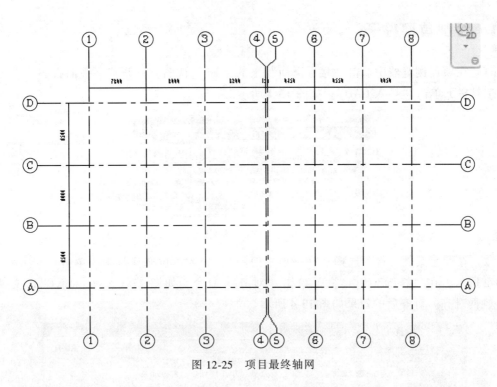

图 12-25　项目最终轴网

【提示】

　　绘制轴网的时候，如有 CAD 项目图纸，也可以导入 CAD 图纸，直接拾取 CAD 轴线绘制轴网。

第 13 章　首层主体设计

13.1　绘制首层柱子

（1）在项目浏览器中双击"楼层平面"下的"F1"视图，打开首层平面视图。在"插入"工具栏下单击"导入 CAD"，如图 13-1 所示。

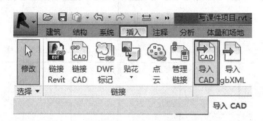

图 13-1　导入 CAD

（2）在配套案例文件中选择"柱一层平面图"，导入单位选择毫米，单击"打开"，如图 13-2 所示。在"修改"工具栏下单击"对齐"命令，如图 13-3 所示，将 CAD 文件与 Revit 轴网对齐。对齐后的效果如图 13-4 所示。

图 13-2　"导入 CAD 格式"对话框

图 13-3　选择"对齐"命令

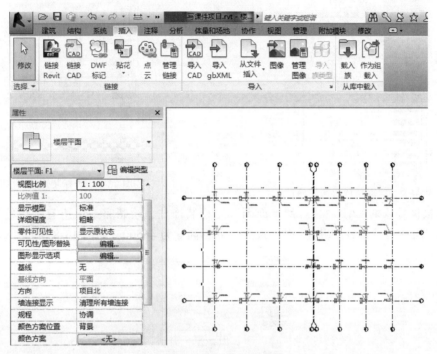

图 13-4　对齐后效果

（3）选择"结构"工具栏下"结构柱"，"放置"方式设为"垂直柱"，"高度"为"未连接"，如图 13-5 所示。以导入的"柱—层平面图"为参照，选择对应的结构柱类型和位置，绘制一层结构柱。

图 13-5　设置结构柱放置方式

（4）通过过滤器功能选择一层所有结构柱，设置其实例属性如图 13-6 所示。

（5）绘制装饰柱。选择"建筑"工具栏下"柱：建筑"，其属性栏如图 13-7 所示。

图 13-6　设置结构柱实例属性

图 13-7　选择装饰柱

（6）根据导入的 CAD"柱一层平面图"定位装饰柱，绘制完一层所有装饰柱后通过过滤器选择一层所有装饰柱，共 13 根，设置尺寸标高 g 为 46500，如图 13-8 所示。

图 13-8　设置尺寸标注"g"

【提示】

从模型管理角度，一般构件分层搭建比较合适，这里主要考虑整体编辑移动的方便性，所以用了在一层直接构建的方式。

13.2　绘制首层墙体

（1）在 F1 平面视图，单击"建筑"选项卡→"构建"面板→"墙"工具，选择"属性"按钮，在弹出的"属性"对话框中选择墙类型"剪力墙-300mm"，如图 13-9 所示。

图 13-9 "属性"对话框(一)

进行墙体绘制之前还需设置绘图区域上方的选项栏,如图 13-10 所示。

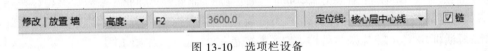

图 13-10 选项栏设备

选项栏说明:

1)单击"高度"后的选项,选择"F2",表明墙体高度为由当前标高 F1 到标高 F2。

2)"核心层中心线"作为墙体定位线。Revit 会根据墙的定位线为基准位置,应用墙的厚度、高度及其他属性。即使墙类型发生改变,定位线也会是墙上一个不变的平面。例如,如果绘制一面墙并将其定位线指定为"核心层中心线",那么即便选择此墙并修改其类型或结构,定位线位置仍会保持不动。本案例中需要在后续的设计中给外墙添加装饰层,当其墙体厚度发生改变时,需要保证其结构层位置不变,故采用"核心层中心线"作为墙体定位线。

3)勾选"链"便于墙体的连续绘制。

(2)鼠标指针移动至绘图区域,借助轴网交点顺时针方向绘制墙体,如图 13-11 所示。

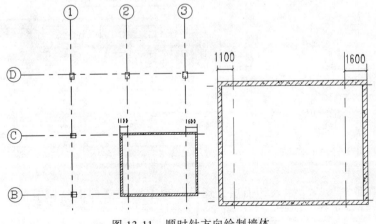

图 13-11 顺时针方向绘制墙体

【提示】

Revit 中的墙体可以设置真实的结构层、涂层,即墙体的内侧和外侧可能具有不同的涂层，顺时针方向绘制可以保证墙体内部涂层始终向内。绘制完成后，选择任意一面墙体，可单击墙体一侧出现的双向箭头（也可按空格键），互换墙体内外侧，出现箭头的一侧为墙体外侧，如图 13-12 所示。

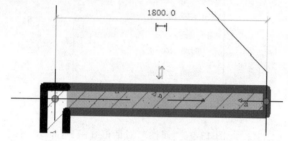

图 13-12　墙体内外侧

　　（3）创建"外墙-涂料-香槟色-225mm"墙。以"常规-200mm"为基础类型，单击"属性"→"类型属性"工具，在弹出的"类型属性"对话框中单击"复制"按钮，在弹出的"名称"对话框中输入新名称"外墙-涂料-香槟色-225mm"，如图 13-13 所示。

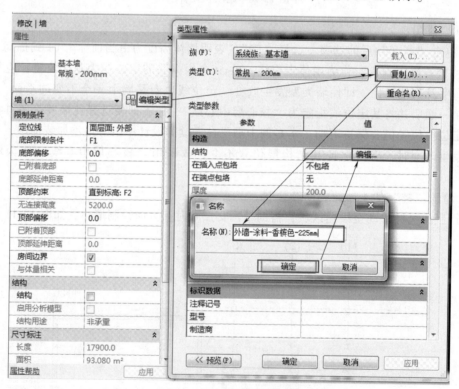

图 13-13　复制新类型墙体

　　将其"编辑部件"→"插入"面层，通过"向上"或"向下"调节位置，并更改面层功能为"面层 1 [4]"，厚度为 25，如图 13-14 所示。

　　为"面层 1 [4]"添加材质，单击材质下<按类别>选择材质"涂层-外部-香槟色，平滑"如图 13-15 所示，三次单击"确定"按钮，完成新建墙体。

　　（4）用同样的方式复制墙体类型分别创建"外墙-石漆-香槟色-225mm"和"外墙-石

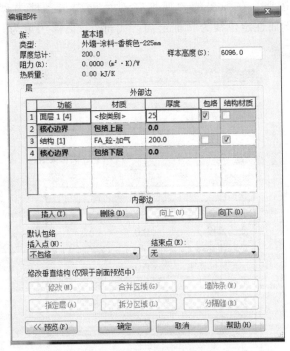

图 13-14　插入面层

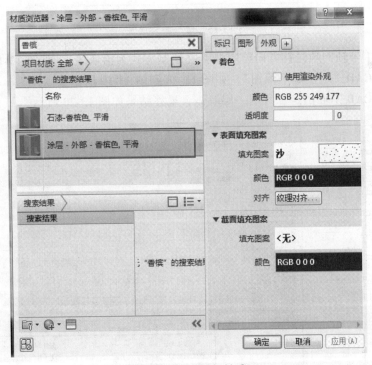

图 13-15　选择新材质

漆-琥珀色-225mm"墙类型，材质分别为"石漆-香槟色，平滑"和"石漆-琥珀色"。

（5）绘制建筑外墙，在 F1 平面视图，单击"建筑"选项卡→"构建"面板→"墙"

工具，选择"属性"按钮，在弹出的"属性"对话框中选择墙类型为"外墙-涂料-香槟色-225mm"，设置实例属性定位线为"面层面：内部"，顶部约束为"直到标高：F2"，如图 13-16 所示。

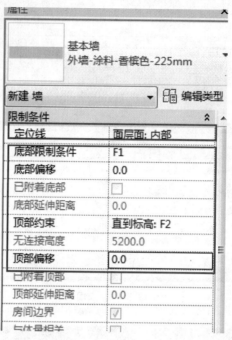

图 13-16　修改墙体属性

（6）拾取 1 号轴网顺时针方向绘制外墙（绘制方式为拾取线），如图 13-17 所示。

（7）导入 CAD"一层墙平面图"，如图 13-18 和图 13-19 所示。

（8）根据 CAD 平面图定位绘制一层墙体，最终结果如图 13-20 所示。

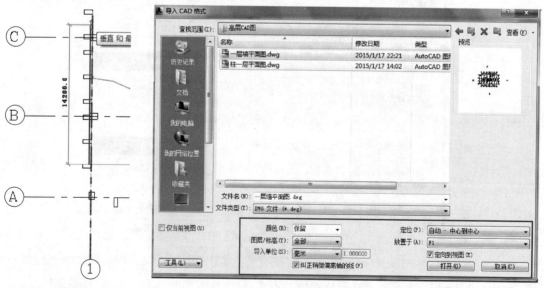

图 13-17　绘制外墙　　　　　　　　　　图 13-18　导入 CAD 格式

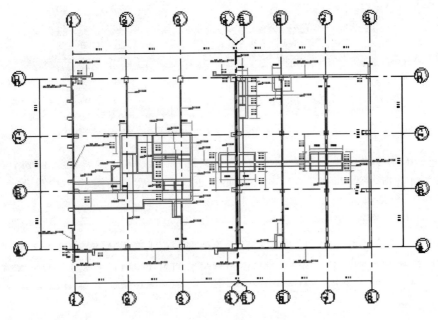

图 13-19　CAD 底图

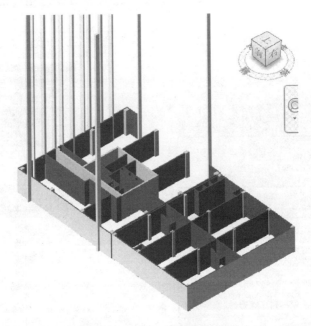

图 13-20　完成一层墙体的绘制

13.3　绘制首层门窗和楼板

（1）确认打开项目浏览器中"楼层平面"→"F1"视图，单击"建筑选项卡"→"构建"面板→"窗"命令，如图 13-21 所示。

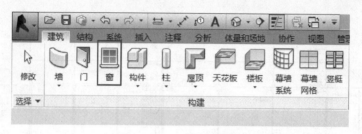

图 13-21　"窗"命令

（2）Revit 将自动打开"放置窗"的上下文选项卡，单击"属性"按钮，从下拉列表中选择"组合窗-三层两列，C21-42"，如图 13-22 所示。在属性栏中修改"底高度"为"250"。

【提示】

本项目中门窗命名规则，以"组合窗-三层两列，C21-42"为例：C21-42 中"C"为类型代号（分别对应的是 C-窗、M-门、MLC-门联窗、TLM-推拉门）；"21"代表窗宽（门宽）为 2100mm；"42"代表窗高（门高）为 4200mm。用户可根据自己的习惯和标准使用其他的门窗命名规则。

（3）鼠标指针移动到绘图区域 1 轴上的墙体上，单击放置窗 C21-42 至图 13-23B、C 轴之间任意位置，选择刚刚插入的窗"C21-42"，再用对齐命令与相邻的装饰柱对齐，如图 13-23 所示。

（4）导入 CAD"一层门窗平面图"，以此为参照绘制一层门窗，如图 13-24 所示。

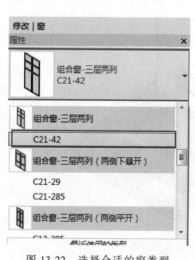

图 13-22　选择合适的窗类型

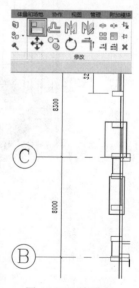

图 13-23　放置窗

【提示】

放置时，窗的控件要都在外部，方便后期的统一替换，如图 13-25 所示。

（5）绘制一层楼板。确认打开项目浏览器中"楼层平面"→"F1"视图，单击"建筑选项卡"→"构建"面板→"楼板"命令，如图 13-26 所示。在楼板类型选项栏选择楼板"50+100"，如图 13-27 所示。

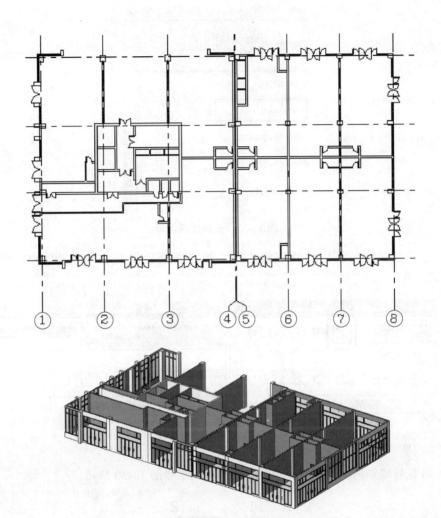

图 13-24　绘制一层门窗

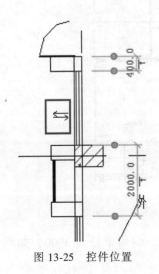

图 13-25　控件位置

图 13-26　"楼板"命令

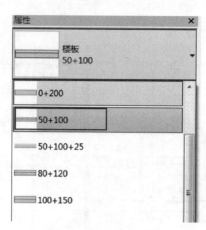

图 13-27　选择楼板类型

（6）在"绘制面板"中选择直线工具，并在选项栏设置偏移量为 3000，如图 13-28 所示。

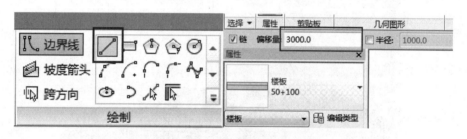

图 13-28　设置绘制方式

（7）沿着外墙轴网，绘制楼板边界，如图 13-29 和图 13-30 所示。

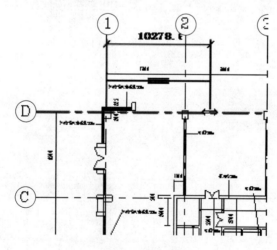

图 13-29　绘制楼板边界（一）

（8）应用绘制面板的倒角命令，将矩形四个角倒角，倒角半径为 3000，如图 13-31 和图 13-32 所示。

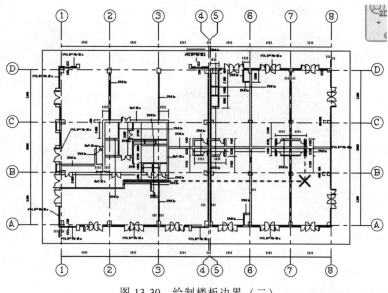

图 13-30　绘制楼板边界（二）

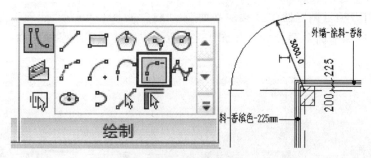

图 13-31　倒圆角

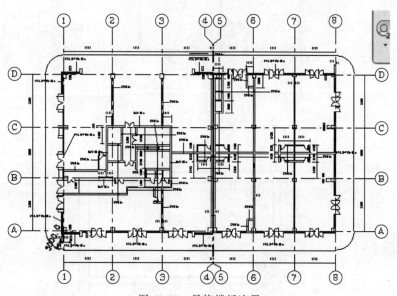

图 13-32　最终楼板边界

（9）单击 ☑ 完成一层楼板绘制，如图 13-33 所示。

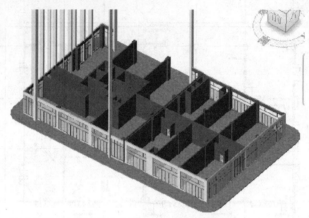

图 13-33　完成一层楼板的绘制

13.4　绘制首层楼梯

（1）确认打开项目浏览器中"楼层平面"→"F1"视图，单击"建筑"选项卡→"工作平面"面板→"参照平面"命令，在如图 13-34 所示位置绘制四个参照平面。

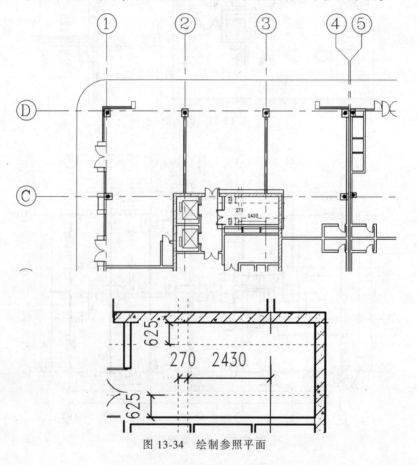

图 13-34　绘制参照平面

（2）单击"建筑"选项卡→"楼梯坡道"面板→"楼梯"下拉菜单，选择"楼梯（按构件）"绘制楼梯，如图 13-35 所示。

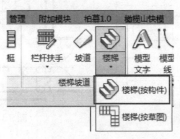

图 13-35　"楼梯"命令

（3）设置楼梯参数："所需踢面数"为 31；"实际踏板深度"为 270；实际梯段宽度为 1250；勾选自动平台，如图 13-36 和图 13-37 所示。

图 13-36　设置楼梯属性

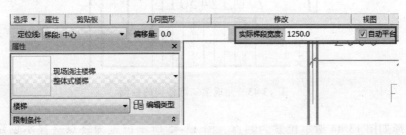

图 13-37　选项栏设置

（4）选择梯段→直梯绘制楼梯梯段，选择如图 13-38 所示位置为起点、图 13-39 所示位置为终点（显示创建了 11 个踢面，剩余 20 个），绘制完第一跑楼梯如图 13-40 所示。

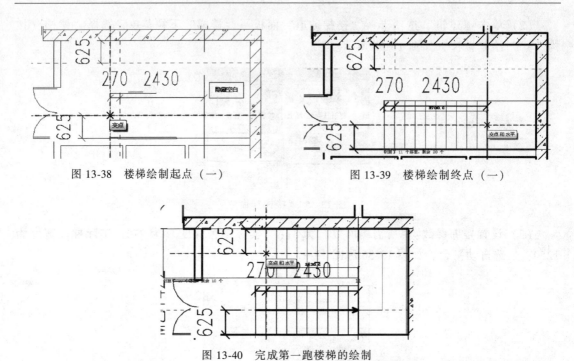

图 13-38　楼梯绘制起点（一）　　　　　　图 13-39　楼梯绘制终点（一）

图 13-40　完成第一跑楼梯的绘制

（5）选择如图 13-41 所示位置为起点、图 13-42 所示位置为终点（显示创建了 10 个踢面，剩余 10 个），绘制完第二跑楼梯如图 13-43 所示。

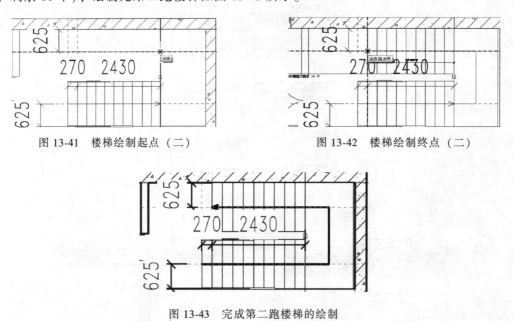

图 13-41　楼梯绘制起点（二）　　　　　　图 13-42　楼梯绘制终点（二）

图 13-43　完成第二跑楼梯的绘制

（6）选择如图 13-44 所示位置为起点、图 13-45 所示位置为终点（显示创建了 10 个踢面，剩余 0 个），绘制完第三跑楼梯如图 13-46 所示。

（7）用"Tab"键切换选择如图 13-47 所示楼梯休息平台，拖动造型操作柄，使其休息平台与墙对齐。

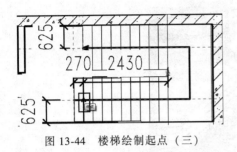

图 13-44　楼梯绘制起点（三）

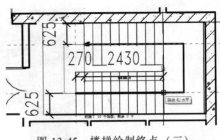

图 13-45　楼梯绘制终点（三）

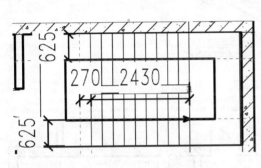

图 13-46　完成第三跑楼梯的绘制

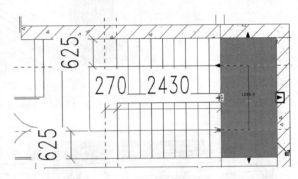

图 13-47　调整休息平台（一）

用同样的方法拖动如图 13-48 所示休息平台与墙对齐。

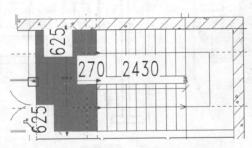

图 13-48　调整休息平台（二）

单击 ✔ 完成楼梯绘制。这时可能会出现如图 13-49 所示警告，可忽略。

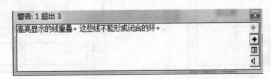

图 13-49　忽略警告栏

完成后如图 13-50 所示。

（8）复制楼梯。在三维视图中用"Ctrl"键选中楼梯踢面和栏杆，再在 F1 层平面使用复制命令复制楼梯。如图 13-51 所示。

选择复制起点如图 13-52 所示，再选择复制终点如图 13-53 所示。

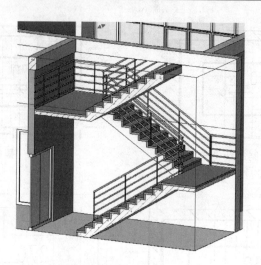

图 13-50　楼梯三维效果（一）

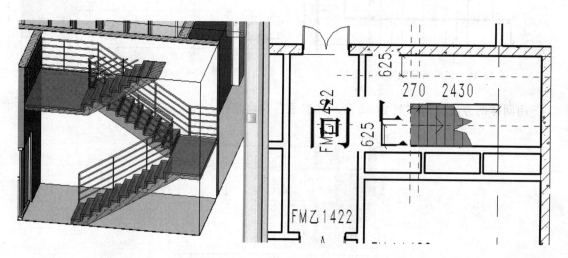

图 13-51　复制楼梯

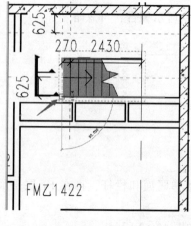

图 13-52　复制起点

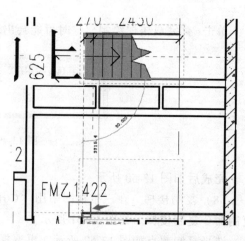

图 13-53　复制终点

完成后如图 13-54 所示。

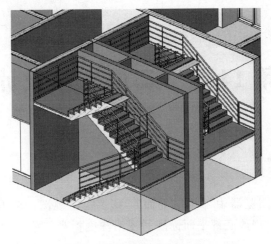

图 13-54　楼梯三维效果（二）

（9）插入 CAD "一层楼梯平面图及详图"，以 CAD 为参照，用同样的方法绘制一层其他楼梯，如图 13-55 所示。

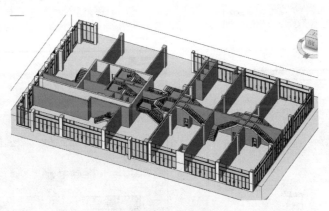

图 13-55　一层楼梯

（10）修改楼梯底下的墙体高度和墙体轮廓，使墙体连接到楼梯底部。用对齐工具把墙体拉伸至楼梯平台底部，双击墙体，编辑墙体轮廓。如图 13-56 和图 13-57 所示。

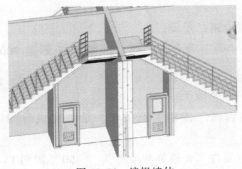

图 13-56　编辑墙体

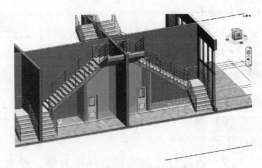

图 13-57　修改墙体轮廓

第 14 章　二层主体设计

14.1　绘制二层梁

（1）确认打开项目浏览器中"楼层平面"→"F2"视图，单击"属性"面板中"范围"下的"视图范围"，修改底部平面标高和视图深度标高，单击"确定"按钮完成修改，如图 14-1 和图 14-2 所示。

图 14-1　编辑视图范围

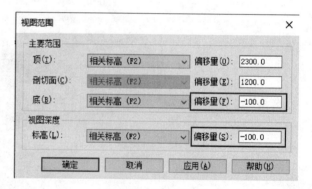

图 14-2　修改偏移量

（2）确认打开项目浏览器中"楼层平面"→"F2"视图，单击"视图"选项栏下"可见性/图元"，取消勾选模型类别中"墙"，如图 14-3 和图 14-4 所示。为方便绘制二层梁，让一层墙不可见。

（3）导入 CAD"二层梁模板图"，以此为参照绘制二层梁。

（4）单击"结构"选项卡→"结构"面板→"梁"命令，选择"混凝土-矩形梁 300×800mm"绘制二层外框梁，如图 14-5 所示。

（5）绘制完后用对齐命令 精确定位，如图 14-6 所示。

（6）参照上面的做法，根据 CAD"二层梁模板图"绘制所有的梁，绘制完成后如图 14-7 所示。

（7）通过过滤器功能选择所有梁，设置其实例属性"Z 轴偏移值"为"-50"如图 14-8 和图 14-9 所示。设置偏移值"-50"的目的是考虑结构降板，梁和板的顶面齐平。

图 14-3　可见性/图形替换

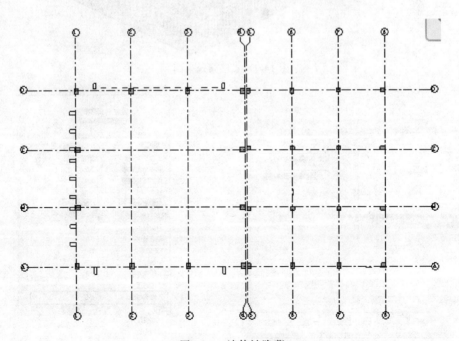

图 14-4　墙体被隐藏

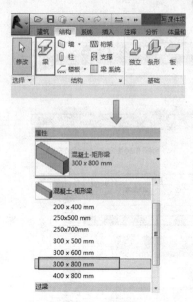

图 14-5　绘制梁

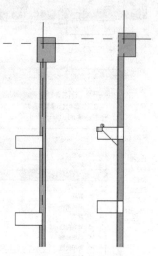

图 14-6　用"对齐"命令精确定位

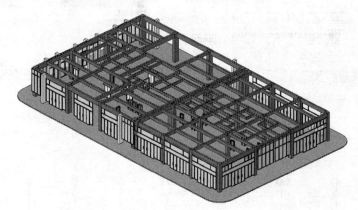

图 14-7　二层梁效果图

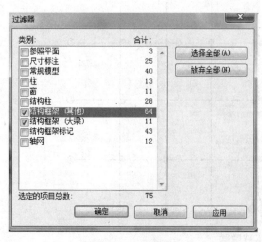

图 14-8　过滤器

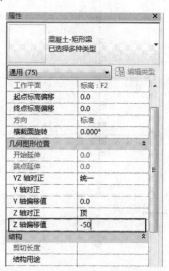

图 14-9　修改 Z 轴偏移值

【提示】

建模需注意结构扣剪规则（满足算量扣剪规则）。

优先级：柱（剪力墙）>梁>板；优先顺序：柱剪梁、梁剪板、柱剪板、剪力墙剪板、剪力墙剪梁。如图 14-10 所示。

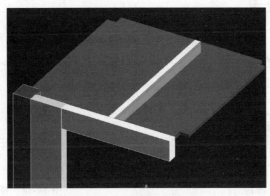

图 14-10　构件扣剪关系

14.2　绘制二层楼板

（1）确认打开项目浏览器中"楼层平面"→"F2"视图，单击"建筑选项卡">"楼板"→"楼板：建筑"，选择"楼板，50+100"类型，如图 14-11 所示。

（2）应用绘制面板的直线工具绘制 1 号到 4 号轴线之间的楼板，楼板边界如图 14-12 所示。

具体定位如图 14-13~图 14-16 所示。

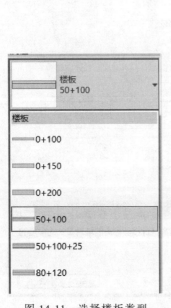

图 14-11　选择楼板类型

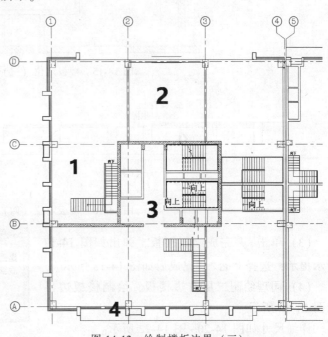

图 14-12　绘制楼板边界（三）

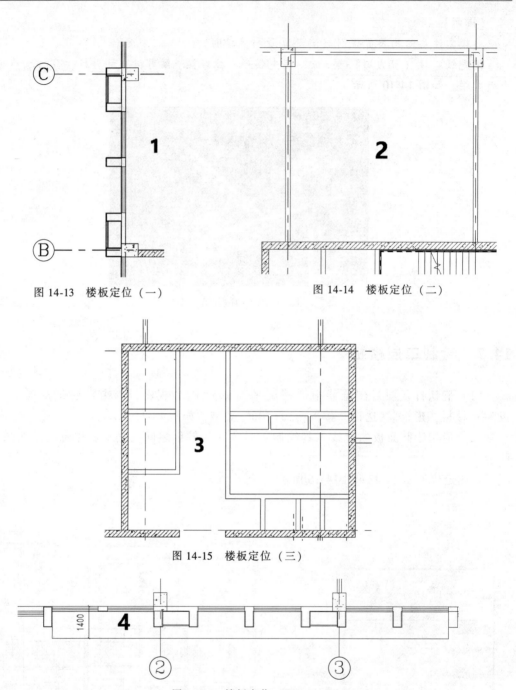

图 14-13　楼板定位（一）

图 14-14　楼板定位（二）

图 14-15　楼板定位（三）

图 14-16　楼板定位（四）

（3）单击 ✔ 完成绘制楼板，弹出如图 14-17
所示提示，选择"否"。完成后如图 14-18 所示。

（4）同理绘制二层右边楼板，绘制楼板边界
如图 14-19 所示。

详细尺寸如图 14-20～图 14-22 所示。

图 14-17　"附着"设置提示

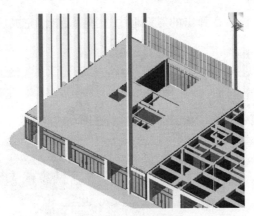

图 14-18　楼板三维效果（一）

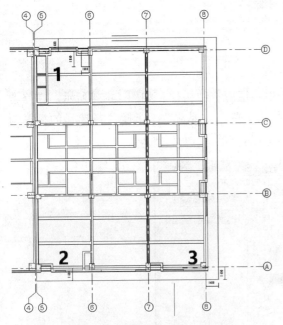

图 14-19　绘制楼板边界（四）

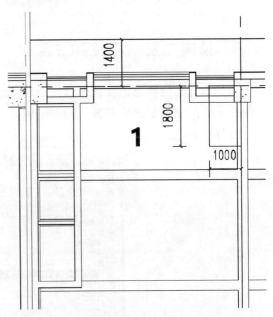

图 14-20　楼板定位（五）

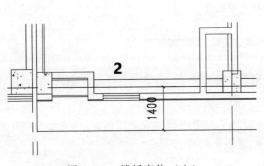

图 14-21　楼板定位（六）

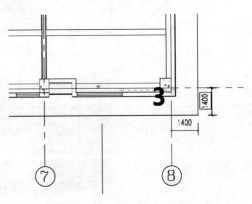

图 14-22　楼板定位（七）

（5）单击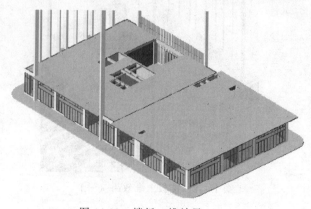完成绘制楼板，在弹出的对话框中选择"否"，完成后如图 14-23 所示。

图 14-23　楼板三维效果（二）

14.3　绘制二层结构柱和三层梁

（1）框选一层所有构件，用过滤器功能选中一层所有结构柱，如图 14-24 所示。在修改选项栏下单击"复制到粘贴板"，如图 14-25 所示。单击"粘贴"，选择"与选择的标高对齐"选择"F3"，单击"确定"按钮，如图 14-26 所示和图 14-27 所示。

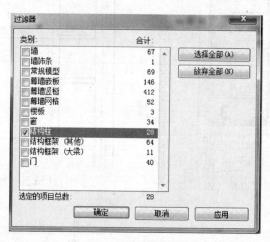

图 14-24　选择所有结构柱

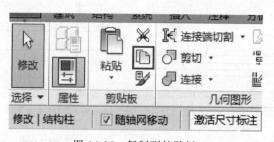

图 14-25　复制到粘贴板

图 14-26　与选定的标高对齐

图 14-27　选择标高

（2）复制完二层结构柱后，修改其所有实例参数值，底部标高为 F2、底部偏移为 0、顶部标高为 F3、顶部偏移为 0，如图 14-28 所示。

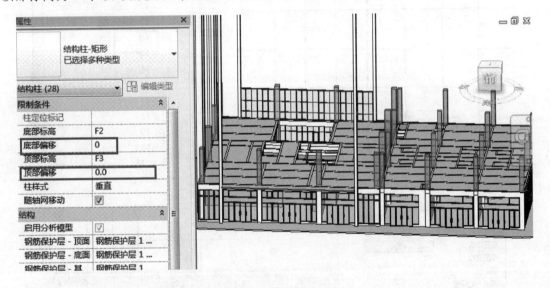

图 14-28　二层结构柱

（3）同理框选一层所有构件，用过滤器功能选中一层所有结构框架，如图 14-29 所示；在修改选项栏下单击"复制到粘贴板"；单击"粘贴"选择"与选择的标高对齐"选择"F3"，单击"确定"按钮，如图 14-30 所示。

（4）修改三层梁。首先定位到"楼层平面"→"F3"视图，如图 14-31 所示。

（5）设置 F3 楼层平面实例属性，编辑"视图范围"，视图深度为"−100"，单击"确定"按钮退出设置，如图 14-32 和图 14-33 所示。

（6）单击"插入"→"导入 CAD"，选择"三层梁模板图"导入 F3 平面视图，如图 14-34 所示。根据导入 CAD 重新修改三层梁，修改后如图 14-35 所示。

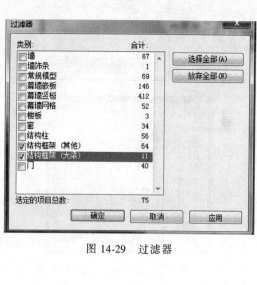

图 14-29　过滤器

图 14-30　完成梁的复制

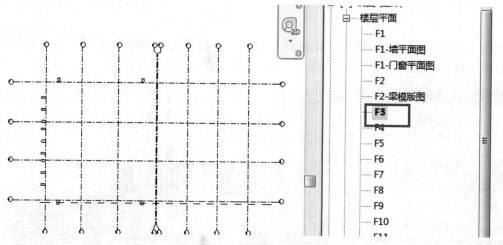

图 14-31　F3 楼层平面视图

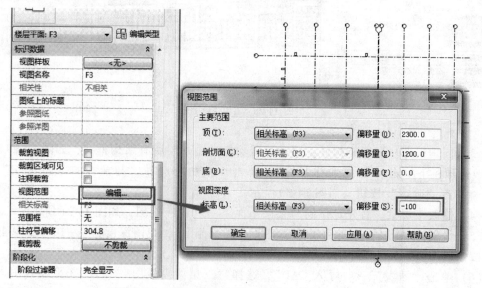

图 14-32　修改视图深度

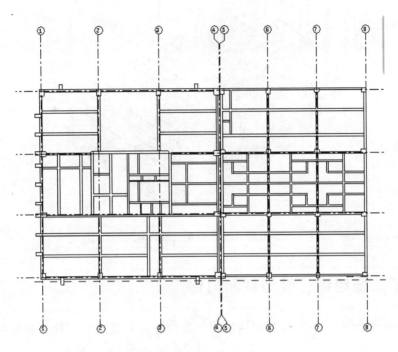

图 14-33　修改后视图效果

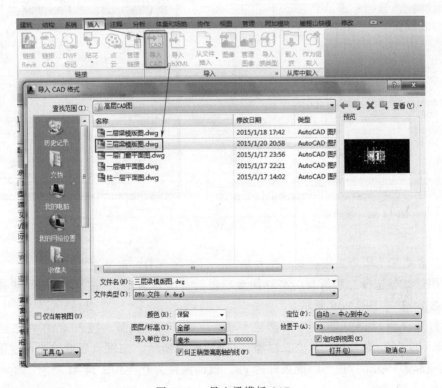

图 14-34　导入梁模板 CAD

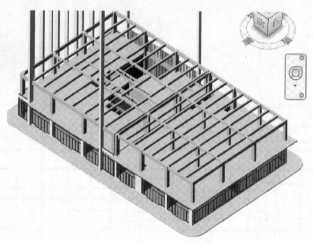

图 14-35　三层梁三维效果

14.4　绘制二层墙体、装饰柱和门窗

（1）用同样的方法把一层墙复制粘贴到二层。框选一层所有构件，应用过滤器功能，选择一层所有墙，复制粘贴到二层平面图，如图 14-36 和图 14-37 所示。

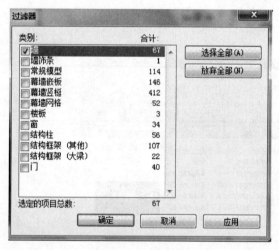

图 14-36　过滤器

图 14-37　选择标高

【提示】

由于门窗是基于墙的图元，所以复制墙时，门窗也会同时被复制。

（2）用过滤器选择二层所有门窗（注意不包括一层幕墙窗），按"Delete"键删除二层门窗，如图 14-38 和图 14-39 所示。

（3）打开"项目浏览器"→"楼层平面"→"F2"平面，导入 CAD "二层墙平面图"，以导入的 CAD 为参照，修改二层墙，如图 14-40 所示。二层墙属性均为：底部限制条件为 F2；底部偏移为 0；顶部限制条件为 F3，顶部偏移为 0，如图 14-41 所示。绘制完成后的结果如图 14-42 所示。

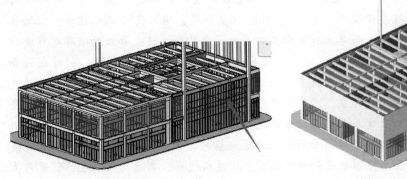

图 14-38　选择二层门窗　　　　　　　图 14-39　删除二层门窗

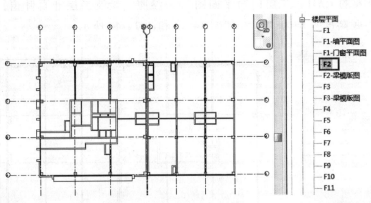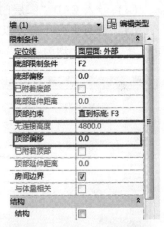

图 14-40　修改二层墙体　　　　　　　图 14-41　调整二层墙体属性

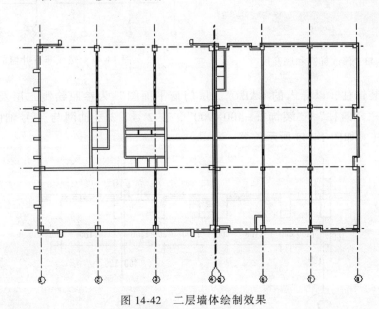

图 14-42　二层墙体绘制效果

【提示】

在 Revit 的楼层平面视图中，如果将详细程度设置为"精细"或者"中等"，外墙（复合墙）的装饰层（或其他功能层）就会显示，从而导致外墙样式不是双线形式，不符合国内的出图要求；若将详细程度设置为"粗略"，外墙（复合墙）则可变为双线显示，但墙体的厚度就不仅是土建层的厚度，而是土建层和装饰层的厚度总和，这会导致外墙厚度可能为205、225 等数据，与通常建筑施工图的尺寸要求不一样。为了解决这个问题，同时也结合后续工程准确算量的要求，目前行业内较多采用的是将外墙的土建层和装饰层分开两道墙建模，即先建外墙土建层，再建装饰层，这样做可以在出图时将装饰层临时隐藏，满足出图要求，同时也可满足将墙体的土建层和装饰层分开算量。

在本案例中，首层以及二层外墙的绘制仍采用复合墙的方式，主要目的在示范 Revit 提供的复合墙设置技术，但在实际项目设计中，如需严格建模规则，则这两楼层也应该采用土建层和装饰层分开两道墙建模的方式，这种建模方式将在后续 3F~5F 的外墙建模中体现。

（4）导入 CAD "二层门窗平面图"，以此为参照绘制二层门窗和装饰柱。

（5）绘制非百叶窗，以导入的 CAD "二层门窗平面图" 为参照，绘制二层非百叶窗，设置其 "标高" 均为 "F2"，"底高度" 均为 "0"，如图 14-43 和图 14-44 所示。

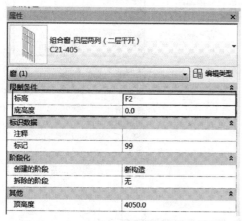

图 14-43　修改标高和底高度

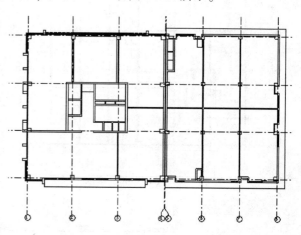

图 14-44　完成非百叶窗的绘制

（6）绘制装饰柱，以导入的 CAD "二层门窗平面图" 为参照绘制二层及以上装饰柱。选择 "建筑"→"建筑柱"→"装饰柱-400×900"，在 2 号、3 号轴网与 A 号轴网相交的地方绘制 6 根装饰柱，如图 14-45 所示位置。

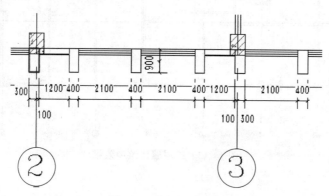

图 14-45　绘制装饰柱

（7）设置这 6 根装饰柱参数，标高为 F2，偏移量为 0，尺寸标注 g 为 41300，如图14-46所示。

【提示】

对于结构柱，一般以"层"为单位建模划分。这里的柱为装饰柱，所以直接设置完整的高度，主要目的是便于后期整体修改，这种方式与外墙装饰层的整体跨层绘制的思路是一致的。

（8）绘制百叶窗，以导入的 CAD "二层门窗平面图"为参照绘制百叶窗，单击"建筑"→"窗"，选择"百叶窗-常规-BYC1216"类型，如图 14-47 所示。

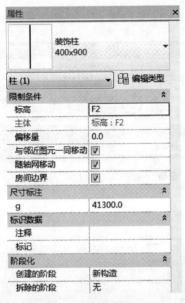

图 14-46　修改装饰柱属性

图 14-47　选择百叶窗类型

（9）在 B 号和 1 号轴网相交处绘制百叶窗，如图 14-48 所示。设置其实例参数，偏移量为 0，如图 14-49 所示。

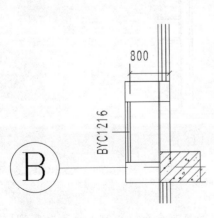

图 14-48　绘制百叶窗

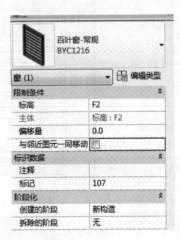

图 14-49　修改百叶窗属性

（10）打开"项目浏览器"→"立面"→"西立面"进入西立面图，如图 14-50 所示，选中百叶窗在修改面板单击"阵列"，取消勾选"成组并关联"，项目数为 3，如图 14-51 所示。选择百叶窗上边为起点，向上输入 1600，单击"Enter"键结束阵列，如图 14-52 所示。

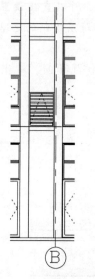

图 14-50　设置偏移量为 0

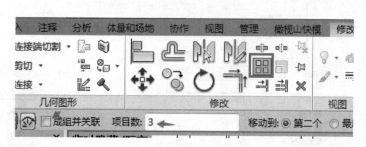

图 14-51　设置"阵列"选项栏

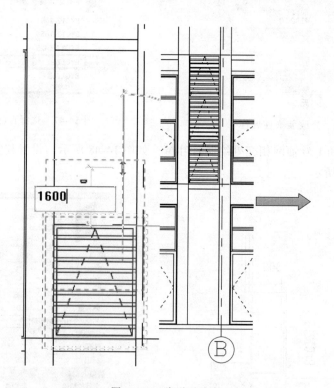

图 14-52　阵列百叶窗

（11）绘制一层百叶窗。选择二层一个百叶窗选择复制命令，复制一个百叶窗到同一位置的一层，如图 14-53 所示，并更改其类型为 BYC12-1675，如图 14-54 所示。

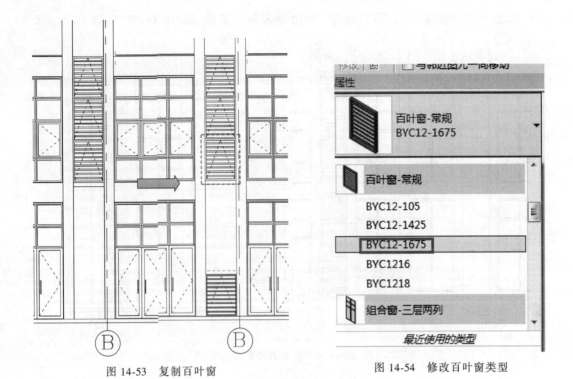

图 14-53　复制百叶窗

图 14-54　修改百叶窗类型

（12）用以上方法，阵列一层百叶窗，结果如图 14-55 所示。

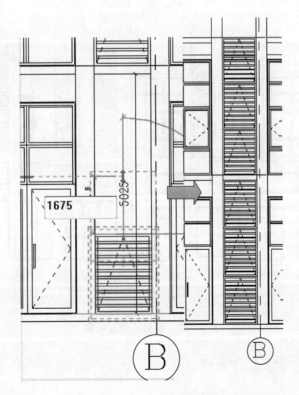

图 14-55　阵列一层百叶窗

（13）选中已绘制的一、二层百叶窗，从 B 轴复制到 C 轴，如图 14-56 所示。

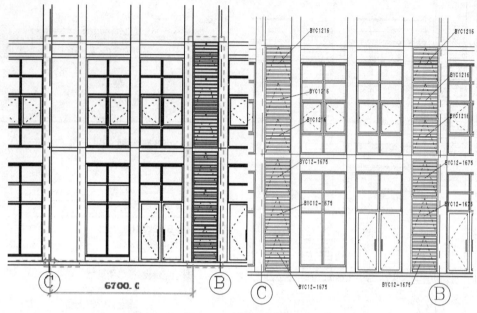

图 14-56　复制百叶窗

（14）转入南立面视图，用同样的方法绘制其他百叶窗，如图 14-57 所示。

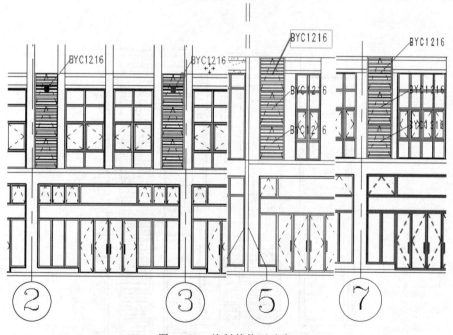

图 14-57　绘制其他百叶窗

第 15 章 幕 墙 设 计

15.1 绘制幕墙墙体

（1）确认打开项目浏览器中"楼层平面"→"F1"视图，单击"建筑"选项卡→"构建"面板→"墙"工具，选择"属性"按钮，在弹出的"属性"对话框中选择墙类型"幕墙"，如图 15-1 所示。

（2）选择绘制面板的直线工具，设置幕墙实例属性，顶部约束为"未连接"，无连接高度为 9250，然后在 D 号轴网旁边的两个装饰柱之间绘制幕墙，如图 15-2 所示。

（3）选择幕墙设置其类型属性，选择编辑类型→复制→名称为首层幕墙，单击"确定"按钮，如图 15-3 所示。

（4）分别设置首层平面幕墙类型参数值，幕墙嵌板为"幕墙嵌板-玻璃：幕墙嵌板-玻璃"；连续条件为"边界和垂直网格连续"；垂直网格-布局为"固定间距"；间距为"750"；水平网格-布局为"固定数量"，如图 15-4 所示，单击"确定"按钮完成幕墙设置。

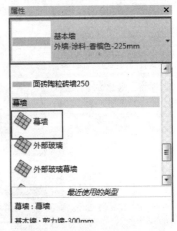

图 15-1 "属性"对话框（二）

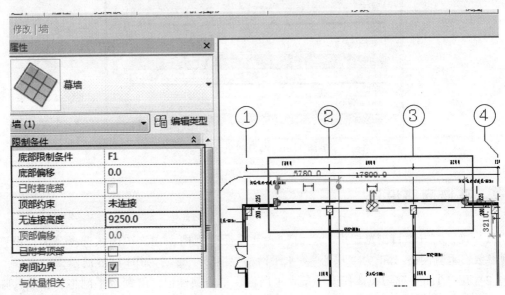

图 15-2 绘制幕墙

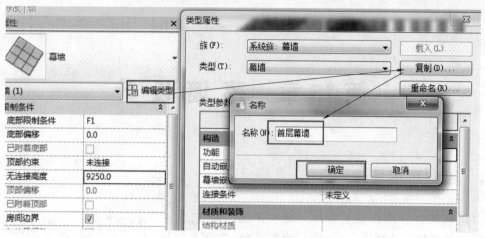

图 15-3　调整网格（一）

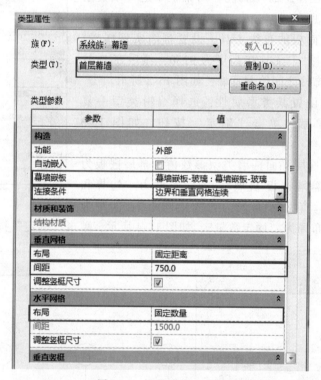

图 15-4　调整网格（二）

15.2　幕墙网格设计

（1）确认打开项目浏览器中"立面"→"北立面"视图，在绘图区域选择幕墙，设置其实例参数，垂直网格-对正为"中心"；水平网格-编号为"3"，如图 15-5 所示。

（2）用"Tab"键切换选择第一条水平网格，单击锁标记，解锁水平网格；更改其临时尺寸为 3450，如图 15-6 和图 15-7 所示。

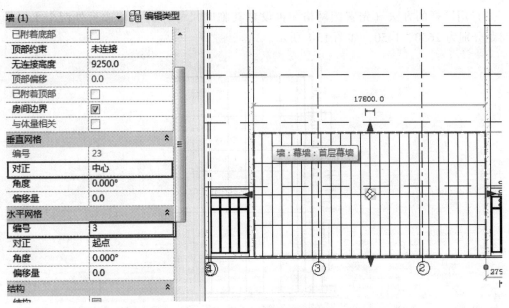

图 15-5 设置幕墙实例参数

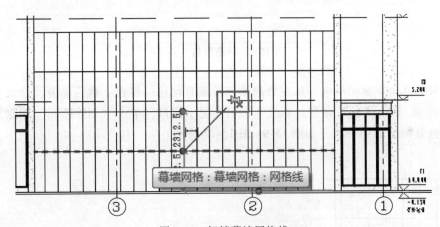

图 15-6 解锁幕墙网格线

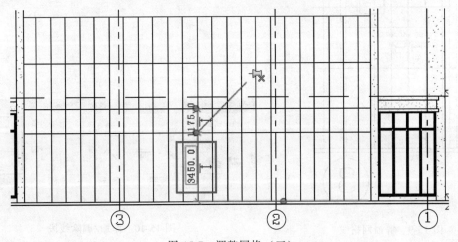

图 15-7 调整网格（三）

（3）用同样的方法（先解锁网格，再设置其临时尺寸）分别修改另外两个水平网格，其间距分别为 2650、1450，如图 15-8 所示。

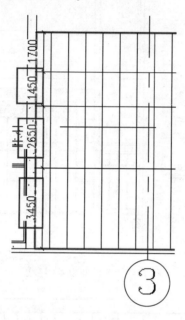

图 15-8　调整网格（四）

（4）用"Tab"键切换选择从左数起第三根垂直网格→解锁；然后单击"修改丨幕墙网格"→"添加/删除线段"命令，系统弹出错误提示窗口，单击"删除图元"删除竖梃，选择第三根垂直网格的第一段。如图 15-9～图 15-12 所示。

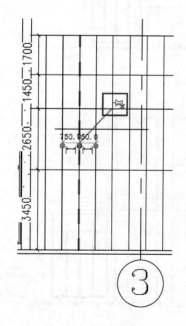

图 15-9　解锁网格线

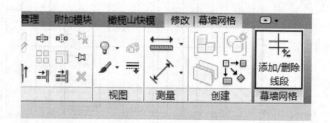

图 15-10　添加/删除线段

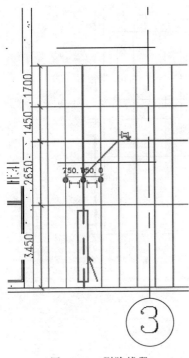

图 15-11　删除线段

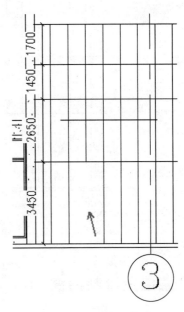

图 15-12　删除后效果

（5）用同样的方法（先解锁垂直网格，再删除线段），分别删除第 4、5 根垂直网格线段，如图 15-13 所示。

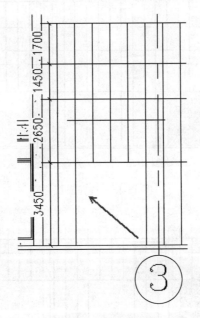

图 15-13　空出门嵌板

（6）同理删除 3 号轴网右边第 5、6、7 根垂直网格线段，2 号轴网右边第 2、3、4 根垂直网格线段，如图 15-14 所示。

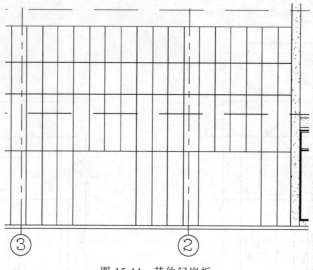

图 15-14　其他门嵌板

15.3　幕墙上绘制门窗

（1）用"Tab"键切换选择第一大块幕墙嵌板，单击图钉解锁，如图 15-15 和图 15-16 所示。

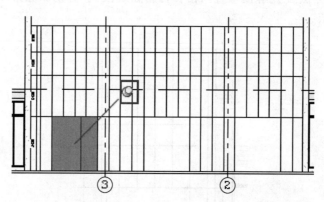

图 15-15　选择嵌板

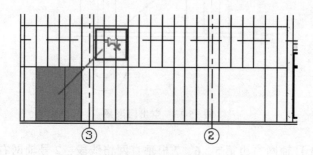

图 15-16　解锁嵌板（一）

（2）在属性类型选项栏选择"平开门-幕墙嵌板-四扇"替换幕墙嵌板，如图 15-17 和图 15-18 所示。

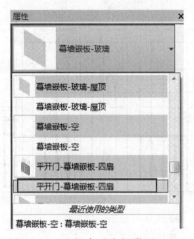

图 15-17　选择合适嵌板类型（一）

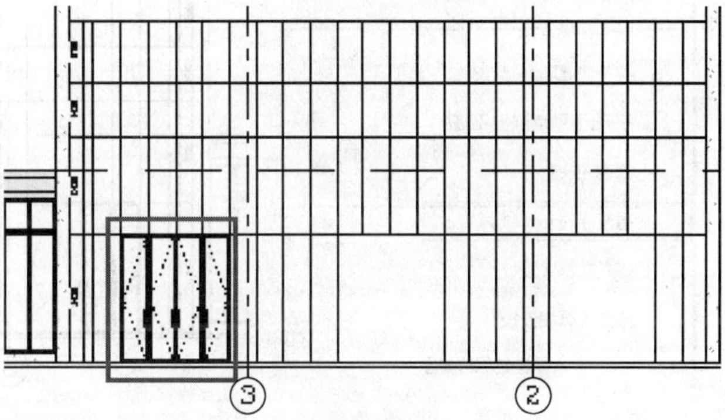

图 15-18　替换嵌板（一）

（3）用同样的方法，替换另外两块幕墙，如图 15-19 所示。

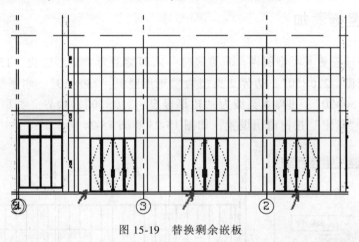

图 15-19　替换剩余嵌板

（4）用"Ctrl"键辅助选择如图 15-20 所示幕墙嵌板，解锁后统一替换为"悬窗-嵌板"，如图 15-21 所示。

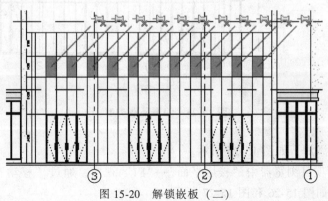

图 15-20　解锁嵌板（二）

替换后如图 15-22 所示。

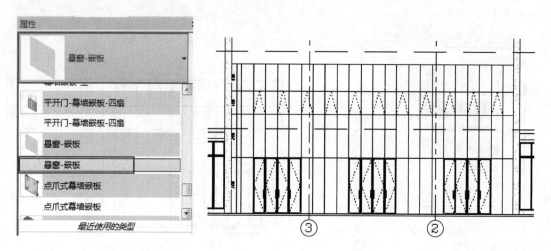

图 15-21　选择合适嵌板类型（二）　　　　图 15-22　替换嵌板（二）

15.4　幕墙竖梃添加

（1）选择幕墙设置其类型属性。垂直竖梃→内部类型为"矩形竖梃：150×50"；边界 1 类型为"矩形竖梃：230×50"；边界 2 类型为"矩形竖梃：230×50"。水平竖梃→内部类型为"矩形竖梃：50×20"；边界 1 类型为"矩形竖梃：230×50"；边界 2 类型为"矩形竖梃：230×50"，单击"确定"按钮退出设置，如图 15-23 和图 15-24 所示。

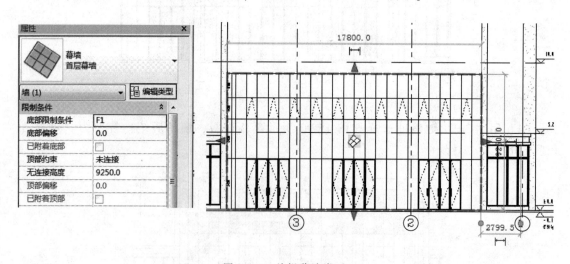

图 15-23　编辑幕墙类型

确定完成竖梃添加，如图 15-25 所示。

（2）确认打开项目浏览器中"楼层平面"→"F1"视图，通过"移动"命令移动首层幕墙与装饰柱对齐，如图 15-26 和图 15-27 所示。

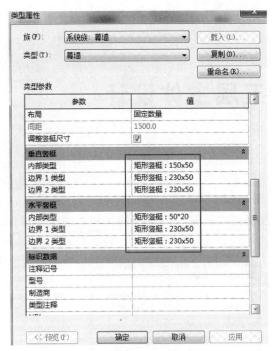

图 15-24 修改竖梃

图 15-25 幕墙竖梃三维效果

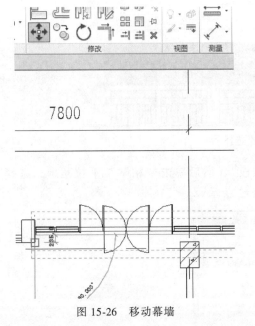

图 15-26 移动幕墙

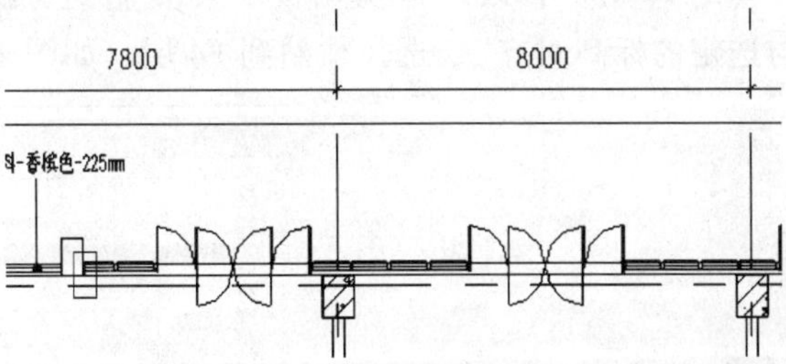

图 15-27 对齐到装饰柱

第16章 三~五层主体设计

16.1 绘制结构柱、梁

（1）绘制三层结构柱和四层结构梁。应用过滤器功能选中二层结构柱和三层结构框架，如图 16-1 所示。

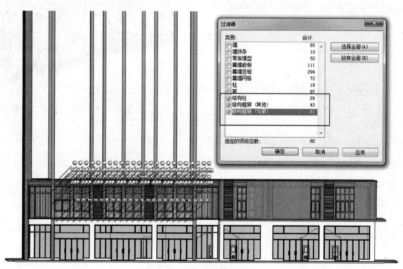

图 16-1 过滤器选择

（2）单击"修改"→"剪贴板"→"复制到剪贴板"，然后单击"粘贴"下拉菜单，选择"与选定的标高对齐"，选择粘贴到 F4 层，如图 16-2 所示。

图 16-2 选择标高（一）

（3）应用过滤器功能选中三层所有结构柱，修改其实例参数如图 16-3 所示，完成绘制。

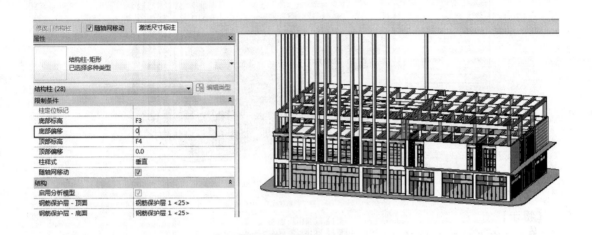

图 16-3　修改实例参数

16.2　绘制三层主体

（1）绘制三层墙体。通过过滤器功能选中二层所有墙（应剔除幕墙）如图 16-4 所示。

（2）单击"修改"→"剪贴板"→"复制到剪贴板"，然后单击"粘贴"下拉菜单，选择"与选定的标高对齐"选择粘贴到 F3 层，如图 16-5 所示。

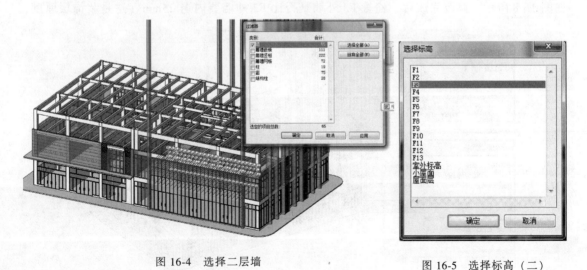

图 16-4　选择二层墙　　　　　　　　　　图 16-5　选择标高（二）

（3）设置其墙实例参数，顶部偏移为 0，如图 16-6 所示。

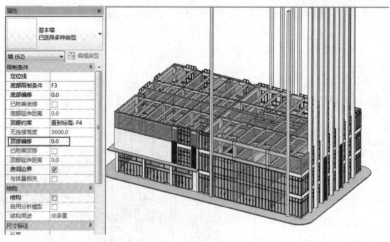

图 16-6　设置实例属性

【提示】

由于门窗是依附于墙的构件。所以当复制墙时，其墙上的门窗也会一同被复制。当删除墙时，其墙上的门窗也会一同被删除。通过过滤器选择三层所有窗，按"Delete"键删除，如图 16-7 所示。

（4）选择所有 F3 层的外墙，在属性栏的类型选择器中将类型改为"常规 – 200mm"，

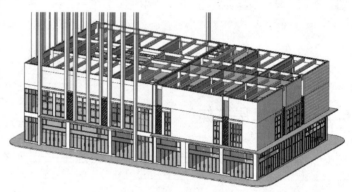

图 16-7　删除多余门窗

如图 16-8 所示。修改完成后，检查 F3 外墙是否比 F2 外墙要内退 25mm（这是装饰层厚度，

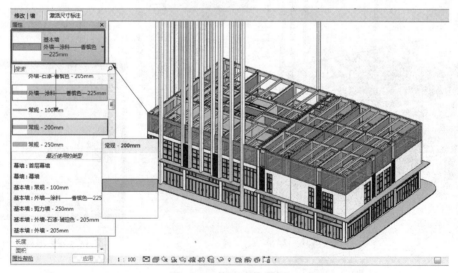

图 16-8　修改墙体类型

目的是准备在 3 层以上的墙体采用装饰层和土建层墙体分开建模的方式），然后对没有内退 25mm 的外墙进行修改，如图 16-9 所示。

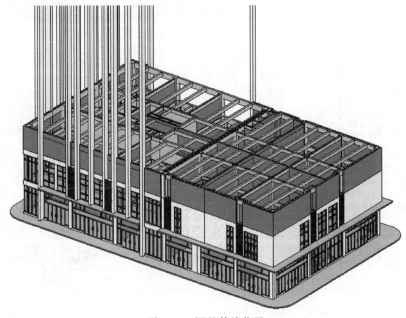

图 16-9　调整外墙位置

（5）进入 F3 层平面图，导入 CAD "三层平面图"，以此为参照更改和添加三层墙体，如图 16-10 和图 16-11 所示。

【提示】

注意从三层外墙开始，要考虑把土建层和装饰层分开两道墙建模。

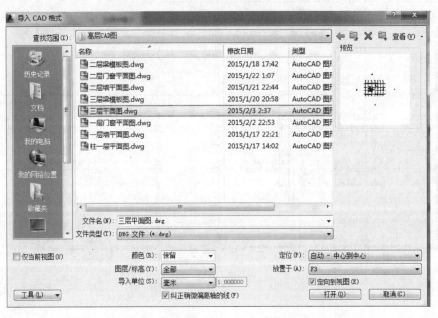

图 16-10　导入 CAD 格式

（6）绘制三层装饰柱，以导入 CAD "三层平面图" 为参照，在 D 号与 1~4 号轴网之间放置 7 根装饰柱，实例参数设置标高为 F3，g 为 36500，如图 16-12 所示。

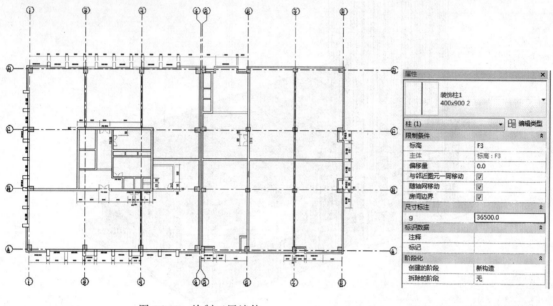

图 16-11　绘制三层墙体

图 16-12　修改实例属性

（7）绘制三层门窗。以导入的 CAD "三层平面图" 为参照，绘制三层门窗。如图 16-13 所示。

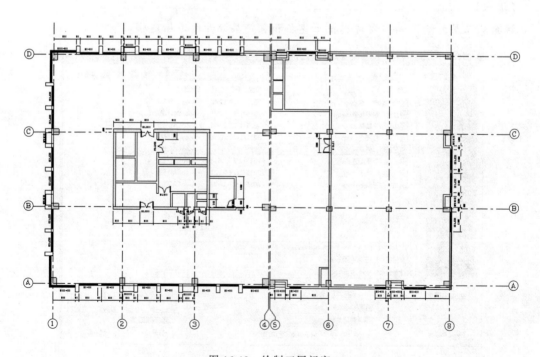

图 16-13　绘制三层门窗

16.3 绘制三层楼板

（1）切换到 F3 楼层平面图绘制楼板，选择楼板类型为 "50+100+25"，如图 16-14 和图 16-15 所示。

图 16-14 "楼板"命令   图 16-15 选择合适楼板

（2）楼板轮廓绘制，选择绘制面板的直线工具绘制楼板轮廓，如图 16-16 所示。

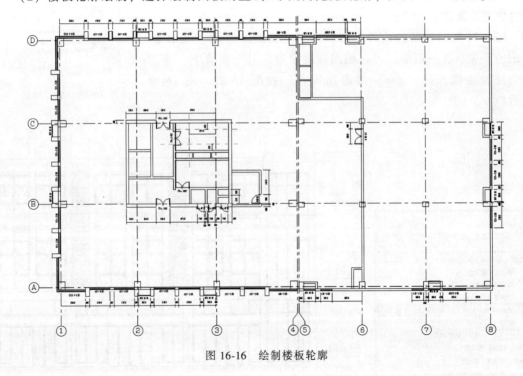

图 16-16 绘制楼板轮廓

（3）单击 ✔ 完成楼板绘制，在弹出的对话框 "是否希望将高达此楼层标高的墙附着到此楼层的底部？" 选择 "否"。

绘制完成如图 16-17 所示。

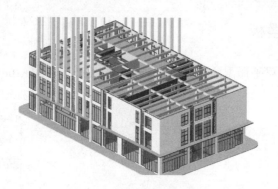

图 16-17　1~3 层模型效果

16.4　绘制墙饰条

（1）将视图切换到"南立面"，单击"建筑"→"墙"下拉菜单，选择墙饰条，选择"墙饰条-香槟色"类型，如图 16-18、图 16-19 所示。在如图 16-20 所示位置放置墙饰条。

（2）用同样的方法，选择"墙饰条-琥珀色"在图 16-21 所示位置放置墙饰条。

（3）转角墙饰条的放置。切换到三维视图，选择"墙饰条-琥珀色"先放置一面墙，再在相同高度放置在另一面墙上，墙饰条会自动连接，按"Esc"键退出即可。如图 16-22 ~ 图 16-24 所示。

图 16-18　墙：饰条

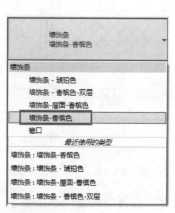

图 16-19　选择合适类型

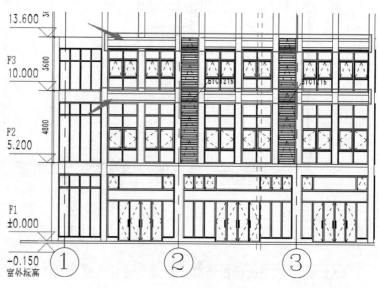

图 16-20　绘制墙饰条（一）

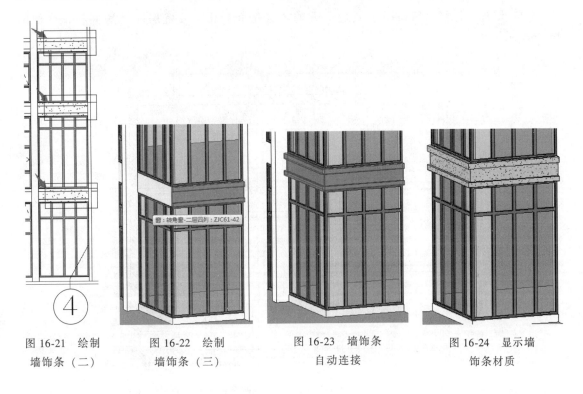

图 16-21　绘制　　　　图 16-22　绘制　　　　图 16-23　墙饰条　　　　图 16-24　显示墙
墙饰条（二）　　　　　墙饰条（三）　　　　　　自动连接　　　　　　　　饰条材质

【提示】

转角窗和 4 号轴网上方用"墙饰条-琥珀色"，其他的均用"墙饰条-香槟色"。

16.5　房间的定制

（1）确认打开项目浏览器中"楼层平面"→"F3"视图，单击"建筑"选项卡→"房间和面积"面板→"房间"工具，在"属性"下拉列表中选择"房间+面积"，在弹出"修改/放置房间"选项卡中单击"标记"面板中的"在放置时进行标记"命令，如图 16-25 所示。

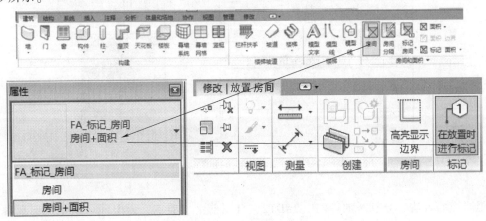

图 16-25　"房间"工具

（2）鼠标指针移动到绘图区域最上方的闭合房间单击，放置房间及房间标记，如图 16-26 所示。

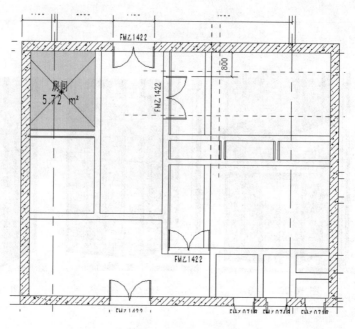

图 16-26　放置"房间"

（3）选择房间标记，更改其实例属性，名称为"ZHL-1#DT1"，同时视图中标注也会更改，如图 16-27 所示。或者选择房间标记，单击"房间"，房间名称变为可输入状态，输入新的房间名称。

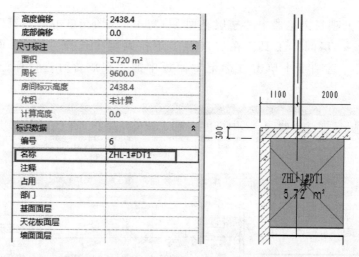

图 16-27　修改房间名称

用同样的方法，分别添加：ZHL-1#DT2，合用前室、前室、强电间、弱电间、风井、水井、楼梯间、加压送风、卫生间等房间及房间标记，如图 16-28 所示。

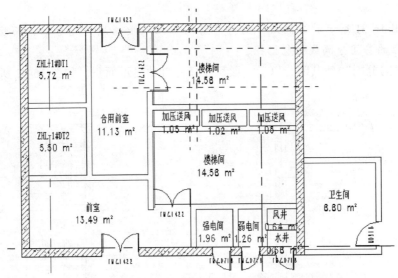

图 16-28　添加其他"房间"

【提示】

　　房间标记将自动计算房间面积，该面积为以四周墙为界的面积，若四周墙未闭合即房间标记将显示"未闭合"，如图 16-29 所示。当需要分割房间或为未闭合的房间标记时需先添加"房间分隔"线。

　　(4) 将未闭合的房间用房间分隔线闭合后标记。单击"建筑"→"房间和面积"→"房间分隔"，绘制分隔线，将未闭合的外墙部分闭合，如图 16-30 和图 16-31 所示。

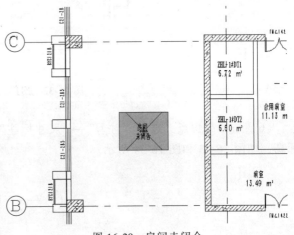

图 16-29　房间未闭合

图 16-30　"房间分隔"工具

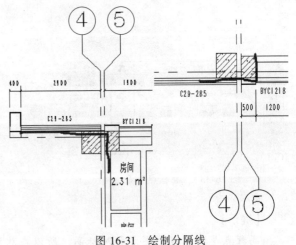

图 16-31　绘制分隔线

【提示】

应绘制图 16-31 所示的分隔线，因为"房间标记"要求墙是闭合的，而柱子不能代替墙，所以所画的房间分隔线要包括柱。

（5）"房间分隔"使其闭合以后，面积注释将自动显示面积，如图 16-32 所示。

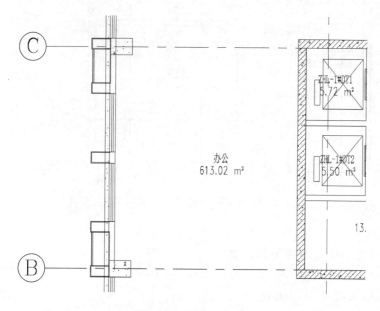

图 16-32　房间已闭合

（6）添加高程点，选择"注释"→"尺寸标注"→"高程点"，单击三层楼板空白处放置标高，如图 16-33 和图 16-34 所示。

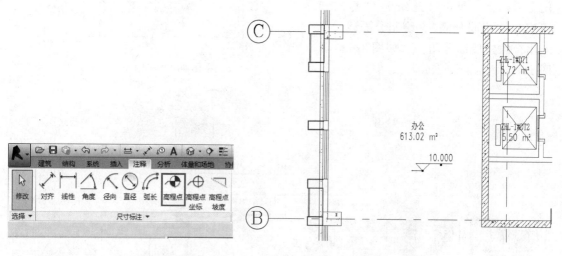

图 16-33　"高程点"命令　　　　　　　　图 16-34　放置高程点

【提示】

高程点是标注视图图元相对标高，所以在放置高程点时必须要放置在图元上。

16.6 绘制三层楼梯

（1）画出参照平面位置，如图 16-35 所示位置。

（2）单击"建筑"→"楼梯坡道"→"楼梯"下拉菜单，选择"楼梯（按构件）"设置楼梯参数：所需踢面数"22"，实际踏板深度"270"，实际梯段宽度"1250"，勾选自动平台，具体细节参考所提供的 CAD 文件。

（3）绘制楼梯间楼板，单击"建筑"→"构建"面板→"楼板"下拉菜单，选择"楼板：建筑"，设置楼板参数，如图 16-36 和图 16-37 所示。

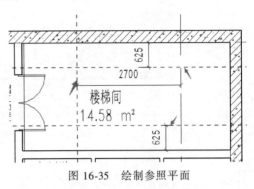

图 16-35 绘制参照平面

图 16-36 选择楼板：建筑

图 16-37 设置楼板参数

绘制楼板轮廓如图 16-38 所示。

（4）单击 ✔ 确定，完成楼板绘制，如图 16-39 所示。

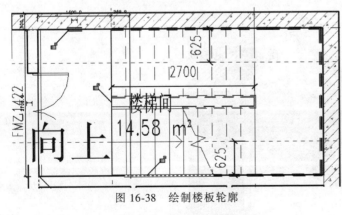

图 16-38 绘制楼板轮廓

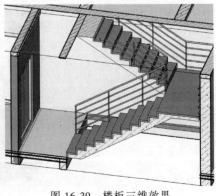

图 16-39 楼板三维效果

（5）在三维视图中选择楼梯、栏杆扶手、楼梯间楼板，在平面视图中单击复制命令，选择复制起点和终点，如图 16-40~图 16-42 所示。

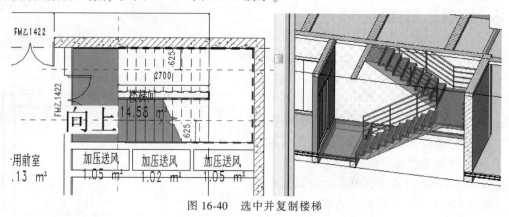

图 16-40　选中并复制楼梯

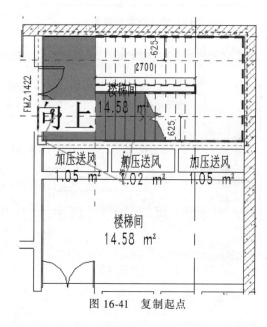

图 16-41　复制起点

图 16-42　复制终点

复制完成后如图 16-43 所示。

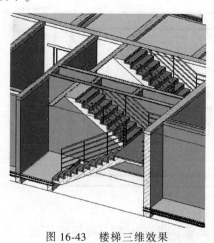

图 16-43　楼梯三维效果

16.7 绘制四、五层主体

（1）切换到三维视图，框选三层所有构件（所有墙体、结构柱、梁、楼板、门窗、楼梯和栏杆等），应用"Shift"键和"Ctrl"键帮助选择三层楼板和排除装饰柱，如图 16-44 所示。

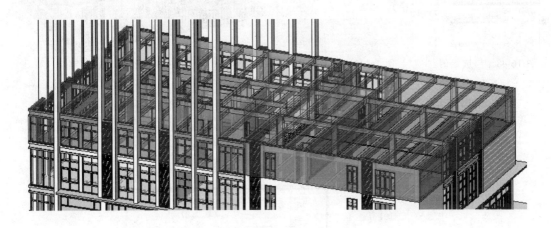

图 16-44 选择三层构件

（2）单击"修改 | 选择多个"→"创建"→"创建组"，如图 16-45 所示，弹出警告，单击"确定"按钮可忽略，如图 16-46 所示。

图 16-45 "创建组"命令

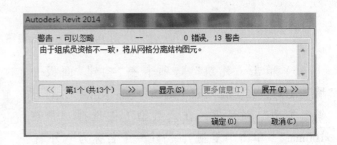

图 16-46 单击"确定"

（3）创建模型组，输入名称"三层标准层"，单击"确定"按钮，如图 16-47 所示。

（4）选择组，单击"复制到粘贴板"命令，单击"粘贴"下拉菜单，选择"与选定的标高对齐"，选择"F4，F5"。如图 16-48 和图 16-49 所示。

复制完后如图 16-50 所示。

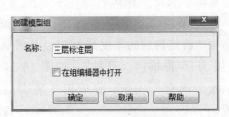

图 16-47 创建模型组

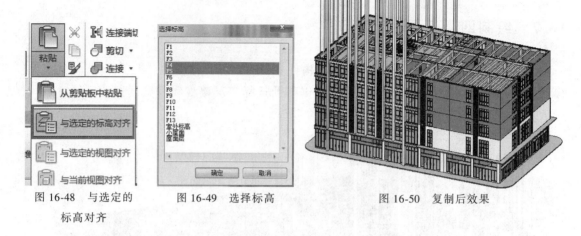

图 16-48　与选定的　　　图 16-49　选择标高　　　图 16-50　复制后效果
标高对齐

（5）打开项目浏览器的 F3 平面视图，如图 16-51 所示。

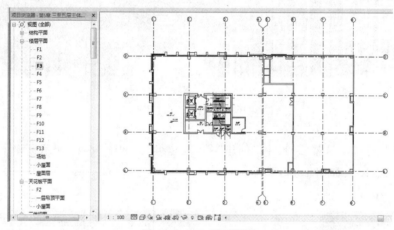

图 16-51　F3 平面视图

（6）单击"建筑"选项卡→"构建"面板→"墙"工具，在下拉列表中选择"墙：建筑"，打开"编辑类型"对话框，在"类型"中选择"常规-100mm"，单击"复制"，新建一个名称为"外墙-涂料层-香槟色-25mm"的墙体类型，如图 16-52 所示，单击"确定"按钮。

（7）单击"编辑"按钮，打开"编辑部件"对话框，将结构层的厚度设为 25，并将材质修改为"涂层-外部-香槟色，平滑"，如图 16-53 所示。单击三次"确定"按钮，完成用作装饰层绘制的墙设置。

（8）选择创建的"外墙-涂料层-香槟色-25mm"类型墙体，沿着如图 16-54 所示位置绘制外墙的装

图 16-52　新建墙体类型

饰层墙，接着通过过滤器将装饰层墙全部选中，将属性栏中的顶部约束改为"直到标高：F6"，如图 16-55 所示。

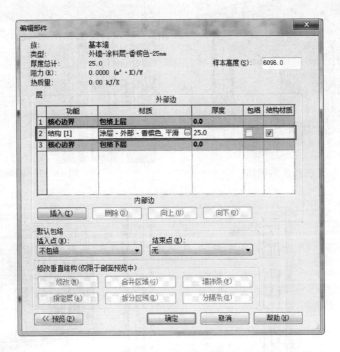

图 16-53　编辑墙体部件

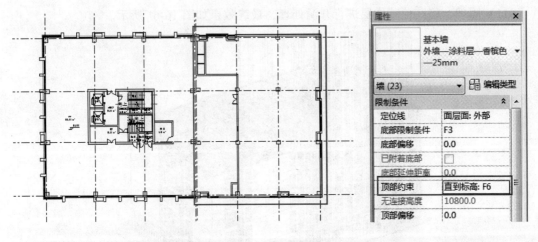

图 16-54　绘制装饰层墙　　　　　　　　图 16-55　修改实例属性

（9）切换到三维视图，选择其中一道装饰层墙，如图 16-56 所示。单击"修改 | 墙"选项卡→"模式"面板→"编辑轮廓"命令，该装饰层墙将变成如图 16-57 所示。

（10）切换到南立面视图，用绘制面板的矩形工具将窗的轮廓绘制划分出来，完成装饰层的开洞操作，如图 16-58~图 16-60 所示。

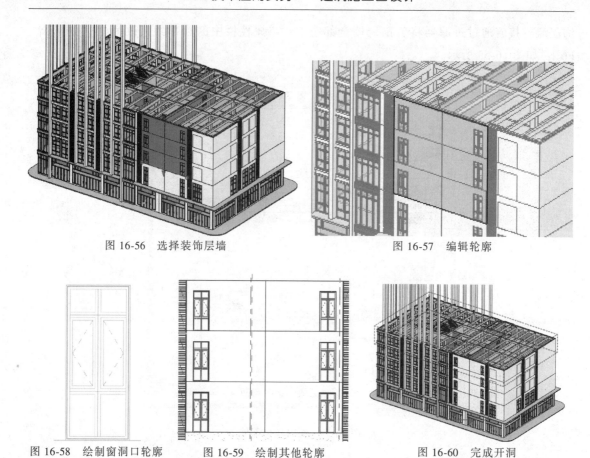

图 16-56　选择装饰层墙　　　　　　　　　　　　图 16-57　编辑轮廓

图 16-58　绘制窗洞口轮廓　　　　图 16-59　绘制其他轮廓　　　　图 16-60　完成开洞

（11）同理，将其他装饰层进行开洞处理，最终效果如图 16-61 所示。

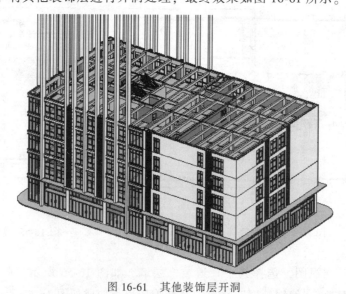

图 16-61　其他装饰层开洞

【提示】

这几层外墙就是采用装饰层和土建墙分离的构建方法，是目前行业较常见的建模规则。

第 17 章　六～十二层主体设计

17.1　六层屋面处理

（1）选择五层标准层组，复制到剪贴板，选择"与选定的标高对齐"，选择 F6，如图 17-1~图 17-3 所示。

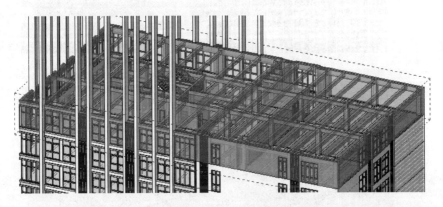

图 17-1　五层标准层

图 17-2　复制

图 17-3　选择标高

（2）选择复制到 F6 层的构件，单击"修改 | 模型组"→"成组"→"解组"，如图 17-4 所示。

（3）删除 5~8 号轴网之间多余的门窗、墙、柱梁，将断开的外墙部分补全，如图 17-5 所示。

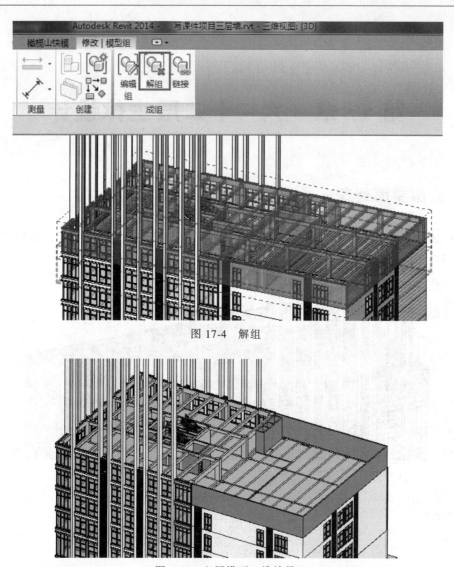

图 17-4　解组

图 17-5　六层模型三维效果

（4）选择 5~8 号轴网间的外墙，设置其属性：顶部约束为未连接；无连接高度为 850，如图 17-6 所示。

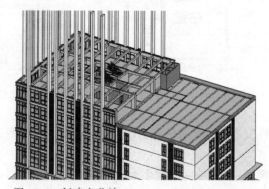

图 17-6　创建女儿墙

（5）选择"建筑"→"墙"→"墙：饰条"，再选择"墙饰条-屋面-香槟色"墙饰条类型，如图 17-7 和图 17-8 所示。

在如图 17-9 所示位置放置墙饰条。

图 17-7　选择墙：饰条

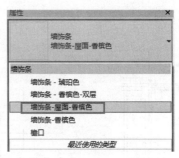

图 17-8　选择合适类型

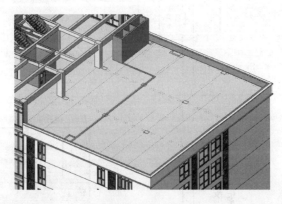

图 17-9　放置墙饰条

17.2　绘制六～十二层主体

（1）设置 F6 层视图范围，剖切面：偏移量为 1200，如图 17-10 所示。

图 17-10　视图范围

（2）绘制装饰柱。在 4 号轴网上绘制与 1 号轴网对称的装饰柱，如图 17-11 所示，装饰柱相对于 4 号轴网的位置如图 17-12 所示。可以先选中 1 号轴网上的装饰柱复制到 4 号轴网。

（3）设置其 4 号轴网上装饰柱属性，标高为 F6，偏移量为 0，g 为 25700，如图 17-13 所示。

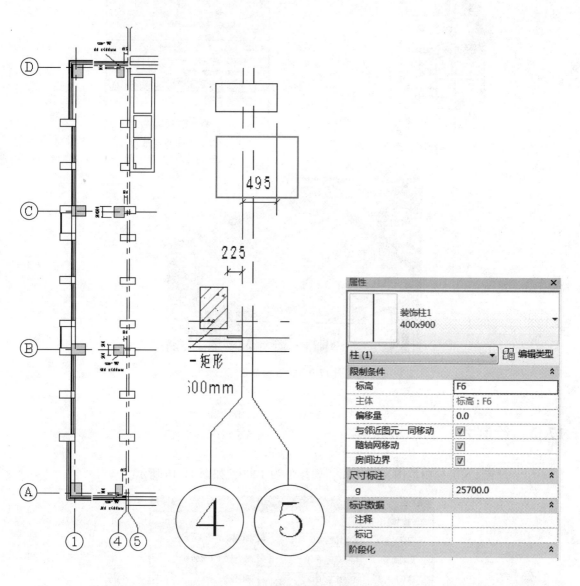

图 17-11　绘制装饰柱　　　　图 17-12　装饰柱位置　　　　图 17-13　设置实例属性（一）

其中通风楼板上两根装饰柱需向上偏移 1200mm，相对应的 g 值为 24500，如图 17-14 和图 17-15 所示。

（4）单击"建筑"→"构件"→"墙"，选择"外墙-涂料-香槟色-225mm"墙类型。在 4 号轴网处绘制外墙。底部限制条件为 F6，顶部约束为"直到标高：F7"，如图 17-16~图 17-18 所示。

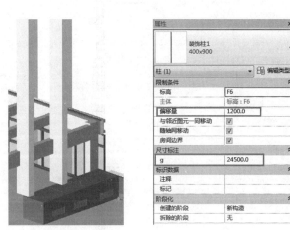

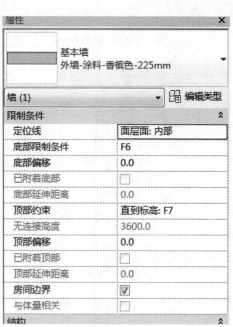

图 17-14　装饰柱向上偏移　图 17-15　设置实例属性（二）　　图 17-16　设置实例属性（三）

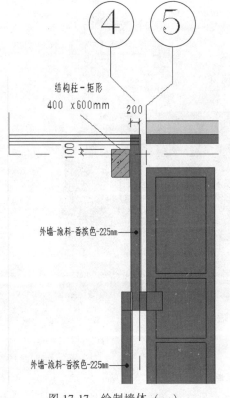

图 17-17　绘制墙体（一）

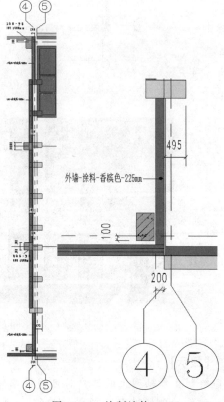

图 17-18　绘制墙体（二）

（5）在 4 号轴网上绘制与 1 号轴网相对应的窗户，如图 17-19 和图 17-20 所示。注意 4 号轴网两端的窗替换为"转角窗 二层四列 ZJC61-285"类型。

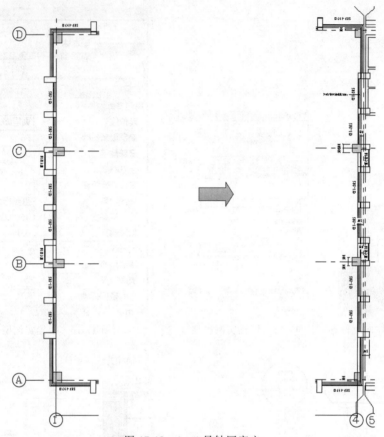

图 17-19　1、4 号轴网窗户

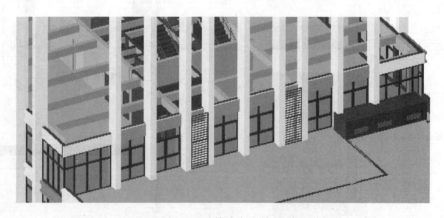

图 17-20　外墙窗户效果

【提示】

绘制 4 号轴网上的窗户时可用镜像命令，快速绘制。

（6）绘制墙饰条，单击"建筑"→"构件"→"墙"下拉菜单，选择"墙：饰条"，在墙饰条类型选项卡下选择"墙饰条-琥珀色",绘制 4 号轴网两端转角处的墙饰条。同理,4 号轴网中部绘制"墙饰条-香槟色",如图 17-21~图 17-23 所示。

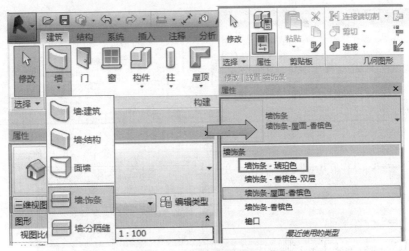

图 17-21　选择合适的墙饰条

图 17-22　转角处墙饰条

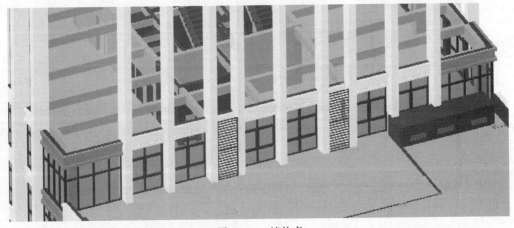

图 17-23　墙饰条

（7）六层标准层楼板编辑，切换到 F6 楼层平面图，选中六层楼板，单击"编辑边界"，如图 17-24 和图 17-25 所示，编辑完成结果如图 17-26 所示，单击 ✔ 完成编辑楼板。

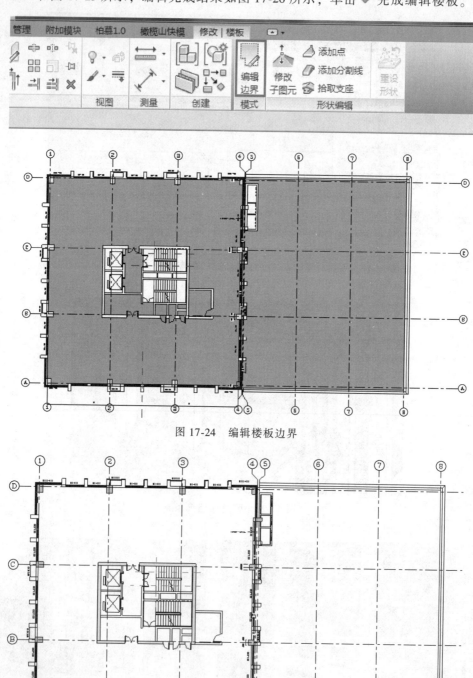

图 17-24　编辑楼板边界

图 17-25　楼板轮廓

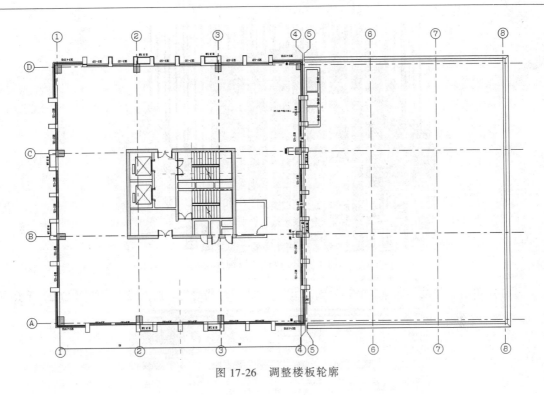

图 17-26 调整楼板轮廓

（8）绘制六层屋顶楼板，单击"建筑"→"构件"→"楼板"命令，选择"楼板 50+100+25"楼板类型。设置其参数，标高为"F6"，自标高的高度偏移为"0"，绘制楼板轮廓，如图 17-27 所示。

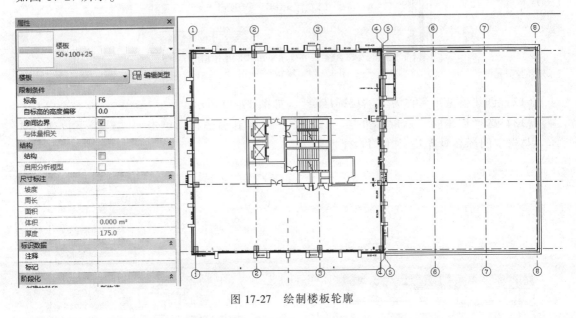

图 17-27 绘制楼板轮廓

（9）单击 ✔ 完成楼板绘制，在弹出窗口中，单击"否"按钮。

（10）通过过滤器工具和"Ctrl""Shift"辅助键选择六层楼板及所有门窗墙、柱子、楼梯、梁和墙饰条等，如图 17-28 所示。

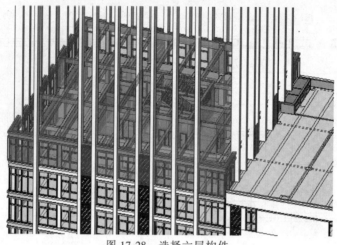

图 17-28　选择六层构件

（11）单击"修改 | 选择多个"→"创建组"，弹出可忽略警告，选择确定，如图 17-29 所示。

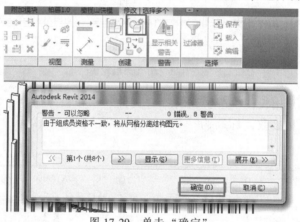

图 17-29　单击"确定"

（12）创建模型组名称为"六层标准层"，如图 17-30 所示。

（13）选择创建的"六层标准层"模型组，复制到剪贴板，单击"粘贴"下拉列表选择"与选定的标高对齐"，如图 17-31 所示。

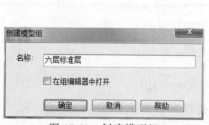

图 17-30　创建模型组

图 17-31　复制模型组

（14）选择标高 F7~F12，如图 17-32 所示。最后单击"确定"按钮，如图 17-33 所示。

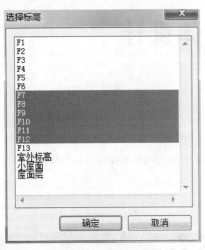

图 17-32　选择标高

图 17-33　复制后效果

第 18 章　顶层主体设计

18.1　绘制顶层结构

（1）选择 12 层模型组，复制到粘贴板，复制到 13 层，如图 18-1 和图 18-2 所示。

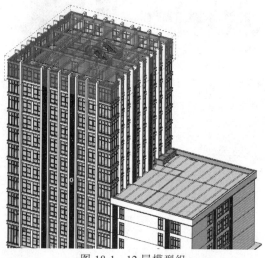

图 18-1　12 层模型组

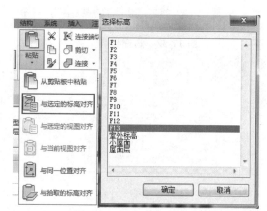

图 18-2　选择 F13 标高

（2）选择上一步复制的 13 层模型组，单击"修改 | 模型组"→"成组"→"解组"，如图 18-3 所示。

删除 13 层外墙，如图 18-4 所示。

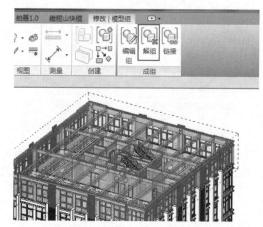

图 18-3　解组

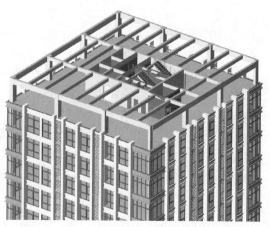

图 18-4　删除 13 层外墙

（3）应用 Revit 过滤器功能，选中 13 层所有结构柱，设置其实例属性，确认将"顶部偏移"值更改为 0。如图 18-5 和图 18-6 所示。

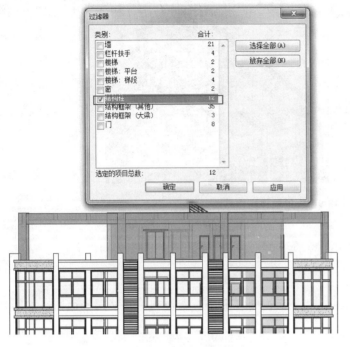

图 18-5　选择结构柱

图 18-6　设置结构柱实例属性

（4）同理通过 Revit 过滤器功能，选中 13 层所有结构框架，更改其实例属性"起点标高偏移"和"终点标高偏移"值为 0，如图 18-7 所示。同理，选中 13 层所有墙，更改其实例属性"顶部偏移"值为 0，如图 18-8 所示。

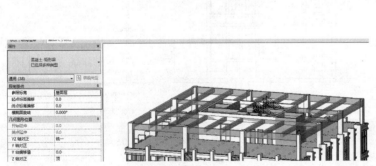

图 18-7　设置梁实例属性

图 18-8　设置墙体实例属性

（5）选中 13 层楼梯，更改其实例属性，"顶部偏移"为"0"，"所需踢面数"为 20，如图 18-9 所示。

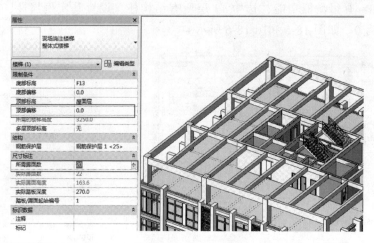

图 18-9 设置楼梯实例属性

18.2 绘制顶层幕墙

（1）单击"项目浏览器"→"视图"→"平面视图"命令，切换到 F13 楼层平面图，如图 18-10 所示。

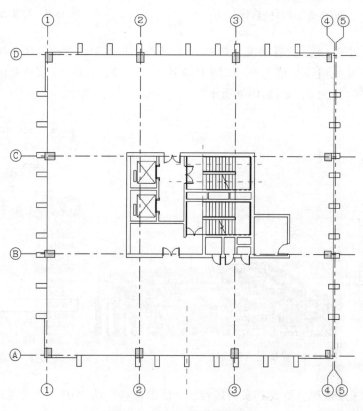

图 18-10 F13 楼层平面图

（2）在 1、D 号轴网相交处和 4、A 号轴网相交处绘制参照平面，如图 18-11 所示。

（3）单击"建筑"→"构件"→"墙"，在类型选项栏选择幕墙，如图 18-12 所示。

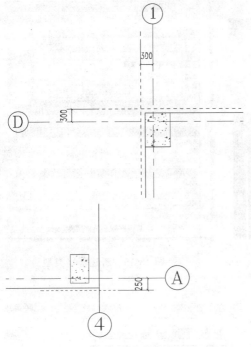

图 18-11　绘制参照平面

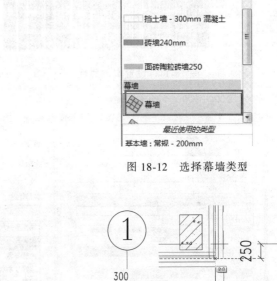

图 18-12　选择幕墙类型

（4）选择绘制面板的矩形绘制方式，选择 1、D 号轴线的两个参照平面交点为起点，4 号轴网与参照平面交点为终点绘制幕墙，如图 18-13 所示。

（5）切换到三维视图，"Tab"键辅助选择 13 层幕墙，设置其实例属性，"顶部约束"为：未连接；"无线连接高度"为：5100；如图 18-14 所示。

单击"编辑类型"设置类型属性。

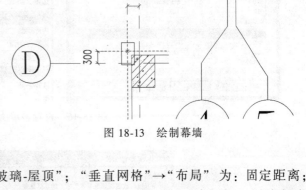

图 18-13　绘制幕墙

复制类型：幕墙-屋顶；"幕墙嵌板"选择："幕墙嵌板-玻璃-屋顶：幕墙嵌板-玻璃-屋顶"；"垂直网格"→"布局"为：固定距离；间距为：1100；"水平网格"→"布局"为固定距离，间距为：2400；"垂直竖梃"→"内部类型"为：矩形竖梃：70×70；边界 1 类型为："L 形角竖梃：L 形竖梃 1"，边界 2 类型为："L 形角竖梃：L 形竖梃 1"；"水平竖梃"→"内部类型"为：矩形竖梃：70×70；边界 1 类型为："矩形竖梃：35×35"，边界 2 类型为："无"；单击"确定"按钮，弹出警告对话框，选择删除图元，如图 18-15～图 18-18 所示。

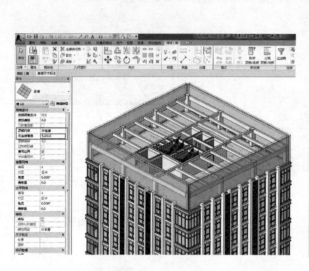

图 18-14 设置实例属性

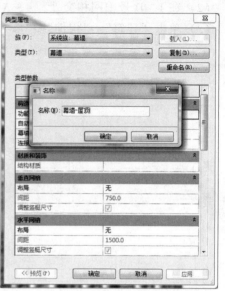

图 18-15 新建幕墙类型

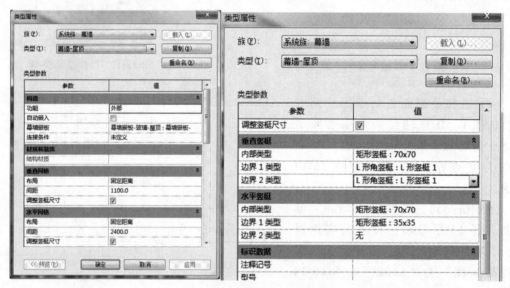

图 18-16 设置幕墙类型属性

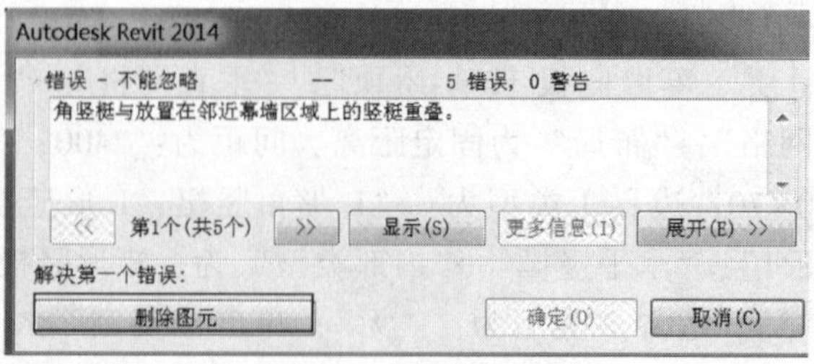

图 18-17 删除图元

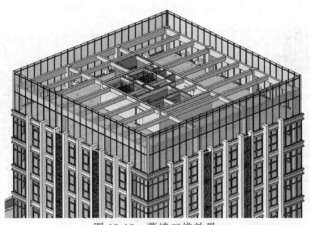

图 18-18　幕墙三维效果

（6）在三维视图中，单击右上角"ViewCube"前视图，框选最上端一排嵌板，单击
"修改"解锁按钮；再通过过滤器功能选择"幕墙嵌板"，单击"类型选项栏"选择"空系
统嵌板"-"空"类型。如图 18-19~图 18-23 所示。

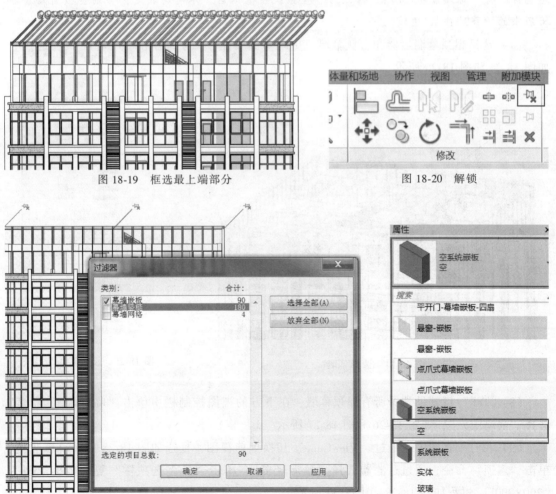

图 18-19　框选最上端部分　　　　　　　　　　　图 18-20　解锁

图 18-21　过滤器选择嵌板　　　　　　　　　　　图 18-22　选择空嵌板

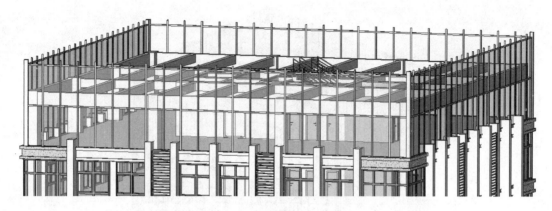

图 18-23　层顶幕墙效果

【提示】

幕墙绘制完成后，系统会默认锁定幕墙构件，若要修改或删除幕墙构件，必须先解锁幕墙构件。将"幕墙嵌板-玻璃"修改为"空系统嵌板"后，不能再锁定，否则会被自动替换为原来的"幕墙嵌板-玻璃"。

（7）选择屋顶幕墙后侧和右侧幕墙，更改实例属性，"垂直网格"→"对正"→"终点"。如图 18-24 和图 18-25 所示。

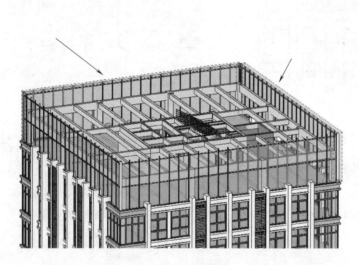

图 18-24　选择幕墙

图 18-25　设置实例属性

（8）"Tab"键辅助选择所有屋顶幕墙，在下方的视图控制栏中单击"临时隐藏/隔离"选择"隔离图元"，如图 18-26 和图 18-27 所示。

（9）在三维视图中，通过"ViewCube"切换到前视图，框选如图 18-28 所示幕墙竖梃，单击"解锁"命令，通过过滤器选择"幕墙竖梃"，单击"类型选项栏"更改竖梃类型为"200×200"，过程如图 18-28~图 18-32 所示。

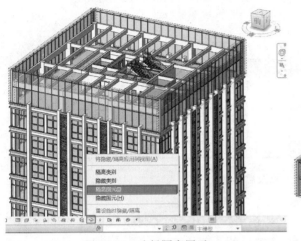

图 18-26　选择隔离图元

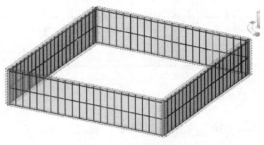

图 18-27　隔离效果

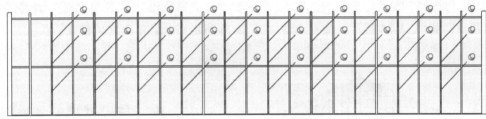

图 18-28　框选幕墙竖梃

图 18-29　解锁

图 18-30　使用过滤器

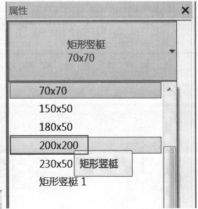

图 18-31　修改竖梃类型

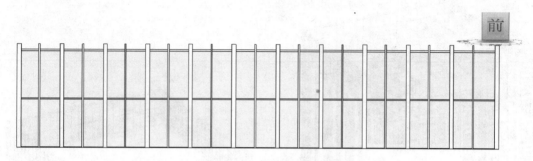

图 18-32　修改后效果

（10）在三维视图中，通过"ViewCube"切换到左视图，同上更改竖梃为"200×200"类型，如图 18-33 所示。注意框选时会一起选中前后两个面的竖梃。

（11）切换到 F13 楼层平面图，单击"建筑"→"楼梯坡道"→"栏杆扶手"命令，选择"绘制路径"如图 18-34 所示，接着绘制如图 18-35 所示路径，单击完成模式。

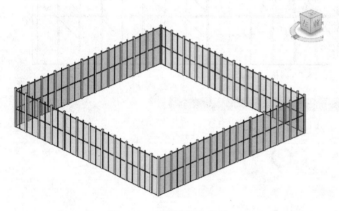

图 18-33　屋顶幕墙成果

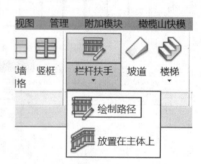

图 18-34　栏杆扶手

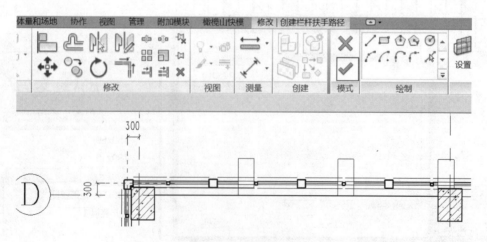

图 18-35　绘制路径

同理绘制 13 层其他栏杆扶手，如图 18-36 所示。

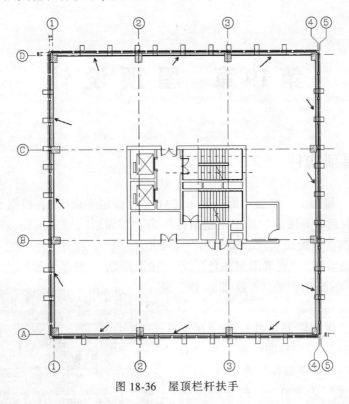

图 18-36　屋顶栏杆扶手

【提示】

　　栏杆扶手线必须是一条单一且连接的草图。如果要将栏杆扶手分为几个部分，请创建两个或多个单独的栏杆扶手。

第19章 屋顶设计

19.1 绘制屋顶构件

（1）切换到"屋面层"楼层平面，导入 CAD"屋面层平面图"，根据 CAD 底图绘制墙和门窗。在绘制时所有外墙的"底部限制条件"为"屋面层"；"底部偏移"为 0；"顶部约束"为"直到标高：小屋面"；"顶部偏移"为 600。

楼梯间通风处墙体，"底部限制条件"为"屋面层"；"底部偏移"为 0；"顶部约束"为"直到标高：小屋面"；"顶部偏移"为 1800。

其他内墙，"底部限制条件"为"屋面层"；"底部偏移"为 0；"顶部约束"为"直到标高：小屋面"；"顶部偏移"为 0。

窗的"底高度"为 900，门的底高度为 330。绘制结果如图 19-1 所示。

（2）选择 F13 层楼板，复制到剪贴板，粘贴选择"与选定的标高对齐"，选择"屋面层"，如图 19-2 和图 19-3 所示。

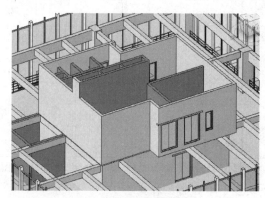

图 19-1　屋顶绘制结果

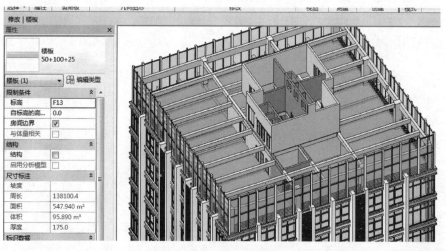

图 19-2　F13 层楼板

（3）选择复制到屋面层的楼板，单击"编辑边界"，如图 19-4 所示。其中修改位置为楼梯间的楼板洞口，如图 19-5 所示虚线标示出的地方，编辑后单击"确定"完成楼板编辑。
弹出对话框"是否希望将高达此楼层标高的墙附着到此楼层的底部"，选择"否"。

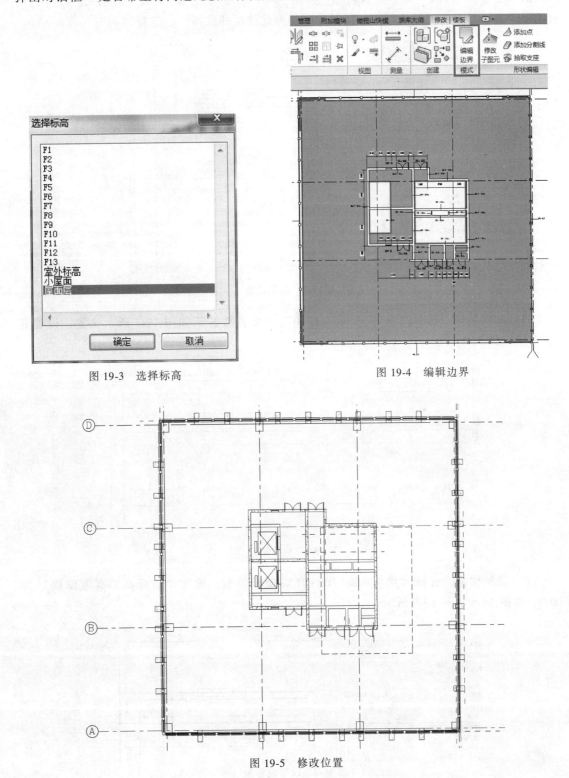

图 19-3　选择标高　　　　　　　　　　　图 19-4　编辑边界

图 19-5　修改位置

（4）切换到"小屋面"楼层平面，绘制楼板，选择楼板类型"50+100+25"；设置"自标高的高度偏移"为 0，绘制楼板轮廓，如图 19-6 所示。单击 ✔ 完成绘制模式，在弹出的对话框"是否希望将高达此楼层标高的墙附着到此楼层的底部?"，选择"否"。

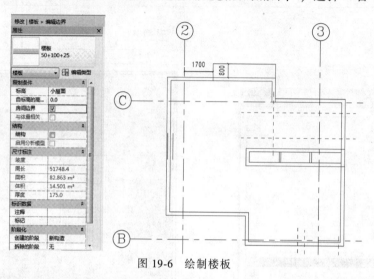

图 19-6　绘制楼板

（5）放置洞口，选择"窗"→"洞口-1010"类型，放置于如图 19-7 所示位置，设置其"底高度"为 330。

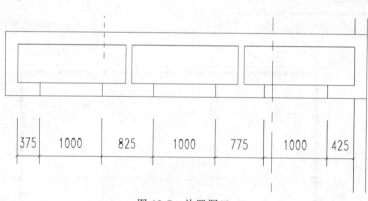

图 19-7　放置洞口

（6）绘制楼板，选择"楼板-50+100+25"楼板类型，设置"自标高的高度偏移"为1800，如图 19-8 和图 19-9 所示。

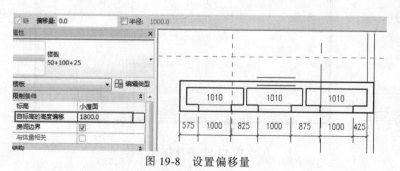

图 19-8　设置偏移量

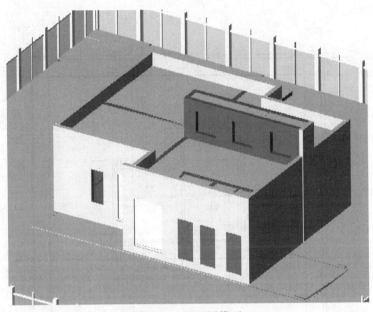

图 19-9　屋面层模型

19.2　绘制幕墙

（1）切换到"屋面层"楼层平面，绘制参照平面如图 19-10 所示，与轴网距离为 1380。

（2）绘制幕墙。选择前面新建的"幕墙-屋顶"类型，设置其实例参数，顶部约束为"未连接"；无连接高度为 6050；类型属性中"水平网格"的"布局"为"固定距离"，间距为 1900；选择绘制面板的矩形工具绘制幕墙，如图 19-11 和图 19-12 所示。

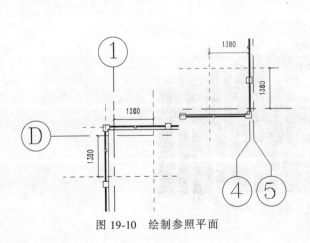

图 19-10　绘制参照平面

图 19-11　设置幕墙实例属性

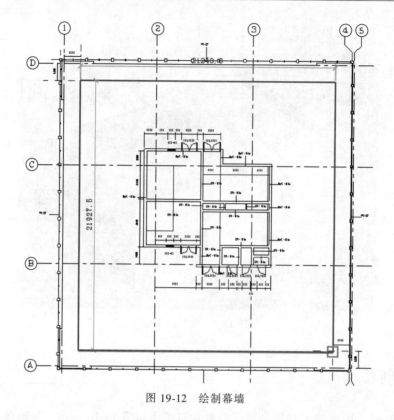

图 19-12　绘制幕墙

（3）弹出警告对话框，选择"删除图元"，如图 19-13 和图 19-14 所示。

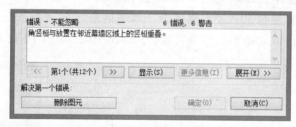

图 19-13　删除图元

图 19-14　屋面层幕墙效果

（4）编辑幕墙顶部，以及添加屋面层栏杆，屋面层栏杆为"栏杆扶手–1050mm"，方法同 F13 层幕墙，步骤参考"18.2 绘制顶层幕墙"节，编辑完成如图 19-15 所示。

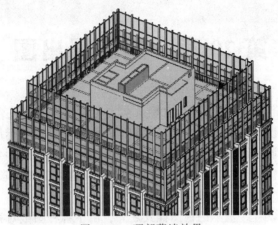

图 19-15 顶部幕墙效果

第20章　施工图出图

当 Revit 模型构件全部创建完成，信息确认基本无误后就可以进入施工图出图阶段。在施工图出图阶段，除了设计细化外，主要是在相应视图上添加尺寸标注、索引符号和门窗标记等二维注释信息以及调整线型、线宽和填充图案等视图样式，以达到出图标准。注释族和视图样式一般在项目样板中已经按项目内部标准做好，这为出图阶段的工作提供了极大的便利。

除了在项目样板中设置好基本的视图样式之外，由于各种图纸对视图的样式有不同的要求，所以需要在项目样板中根据经验和需求准备好各种视图样板，如平面视图样板和立面视图样板等，便于在最后的出图阶段使用。

本案例已在项目样板中创建基本的视图样板供读者练习使用，读者可通过"视图属性框"→"标识数据"→"视图样板"按钮选择相应的视图样板，并进一步设置练习。除了直接应用视图样板调整视图样式外，还讲了具体的视图调整操作。为了不影响后续的操作学习，建议读者在应用视图样板之前先在项目浏览器中对目标视图进行复制备份，再开始相关操作。

20.1　平面图

（1）复制出图视图。以标准层七层为例，右键单击七层平面视图，选择"复制视图"→"复制"，然后将新复制的视图命名为"七层平面图"，如图 20-1 所示。

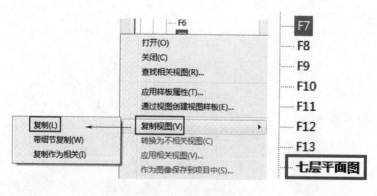

图 20-1　复制视图

（2）视图可见性处理。按"VV"键打开可见性对话框，在模型类别中取消勾选"栏杆扶手"和"楼板"，如图 20-2 所示，在注释类别中取消勾选"参照平面""剖面"和"立面"，如图 20-3 和图 20-4 所示。

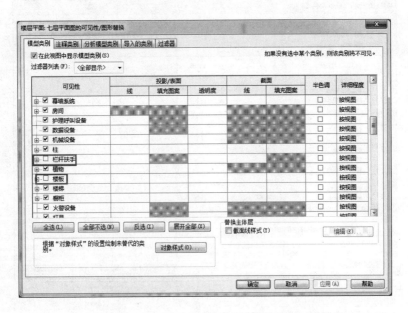

图 20-2　隐藏"栏杆扶手"和"楼板"

图 20-3　隐藏"剖面"和"参照平面"

图 20-4 　隐藏"立面"

（3）修改视图的截面线样式。同样按"VV"键调出七层平面图的"可见性/图形替换"对话框，勾选右下的"截面线样式"，并单击其右侧的"编辑"按钮，如图 20-5 所示。

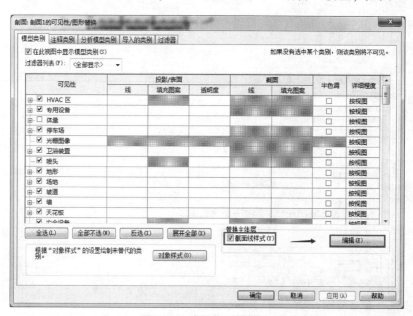

图 20-5 　编辑截面线样式

（4）在弹出的对话框中进行设置，如图 20-6 所示，单击两次"确定"按钮完成设置。

【提示】

上述的粗细线设置打印时需要把视图详细程度设置为"精细"。但会导致同时显示材质填充图案，所以如果仅需要显示粗细线关系，可以取消该复选框，使用主体截面或"对象样式"设置。

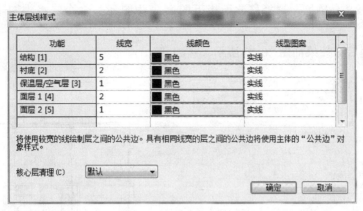

图 20-6　设置主体层线样式

（5）编辑轴网。选择 D 轴网，单击轴网的"3D"并将其改为"2D"，如图 20-7 所示。同理，将 A、B、C 轴网都修改为"2D"。

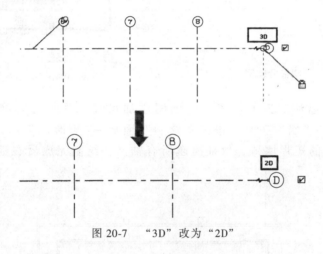

图 20-7　"3D"改为"2D"

（6）修改完成之后，将 A、B、C、D 轴号右标头统一往左拉到合适位置，如图 20-8 所示。

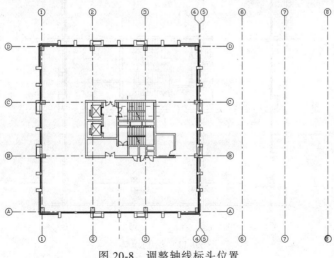

图 20-8　调整轴线标头位置

（7）框选 5~8 号轴网，选择修改面板下的"隐藏图元"命令，将轴网隐藏，如图 20-9 所示。

（8）完成之后，效果如图 20-10 所示。

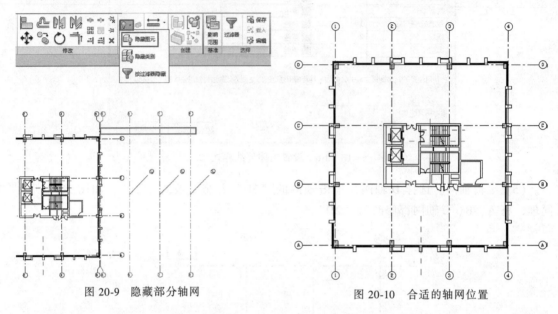

图 20-9　隐藏部分轴网

图 20-10　合适的轴网位置

（9）添加尺寸标注。为了快速的为轴网添加尺寸标注，可以单击"建筑"选项卡→"构建"面板→"墙"工具，单击"绘制"面板→"矩形"工具，从左上至右下绘制如图 20-11 所示的矩形墙体，保证跨越所有轴网，绘制完成后右键"取消"结束墙体绘制。

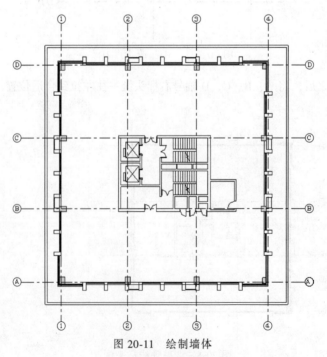

图 20-11　绘制墙体

（10）单击"注释"选项卡→"尺寸标注"面板→"对齐"命令，如图 20-12 所示。设置选项栏"拾取"右边的选项为"整个墙"，单击"选项"按钮，在弹出的"自动尺寸标注选项"对话框中勾选"洞口""宽度""相交轴网"选项，如图 20-13 所示。

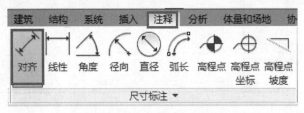

图 20-12 "对齐"尺寸标注

图 20-13 自动尺寸标注选项

（11）鼠标指针在绘图区域，移动到刚刚绘制的矩形墙体的一面上单击将创建整面墙以及与该墙相交的所有轴网的尺寸标注，在适当位置单击放置尺寸标注，如图 20-14 所示。

图 20-14 绘制尺寸标注（一）

（12）四面墙都标注完成之后，通过"Tab"键同时选择四面墙并将其删除。

（13）选择刚刚绘制的上部的轴网尺寸标注，单击"尺寸界线"面板→"编辑尺寸界线"工具，如图 20-15 所示，单击转角窗左侧边缘线，添加尺寸标注。添加完成在任意无参照的位置单击即可结束尺寸界限的编辑，如图 20-16 所示。

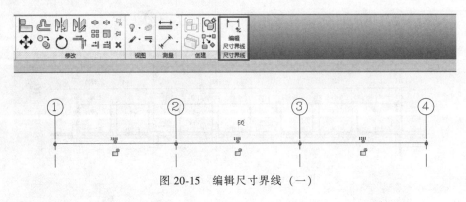

图 20-15 编辑尺寸界线（一）

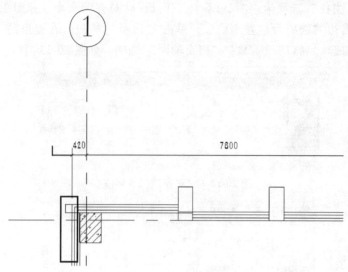

图 20-16　添加尺寸界线

（14）单击"注释"选项卡→"尺寸标注"面板→"对齐"命令，单击建筑外墙，创建第一道尺寸标注，在适当位置单击放置尺寸标注，如图 20-17 所示。

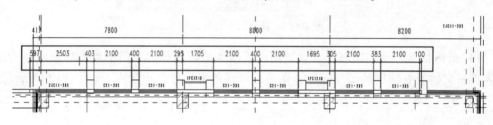

图 20-17　绘制尺寸标注（二）

（15）选择刚刚绘制的尺寸标注，选择"编辑尺寸界线"命令，根据出图需要调整尺寸界线的位置和添加尺寸界线，如图 20-18 和图 20-19 所示。

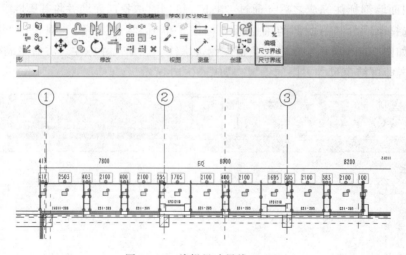

图 20-18　编辑尺寸界线（二）

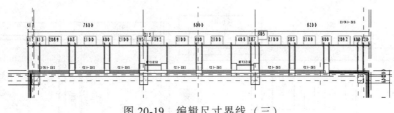

图 20-19　编辑尺寸界线（三）

（16）单击"注释"选项卡→"尺寸标注"面板→"对齐"命令，设置选项栏"拾取"右边的选项为"单个参照点"，依次单击左侧转角窗外边缘、4 号轴网并向外拖动至合适位置，单击放置总长度尺寸标注，如图 20-20 所示。最后用同样的方法绘制其他 3 个方向的尺寸标注。

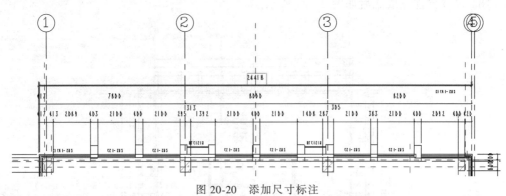

图 20-20　添加尺寸标注

（17）如图 20-21 和图 20-22 所示，标注核心筒周围墙体尺寸及卫生间墙体尺寸。

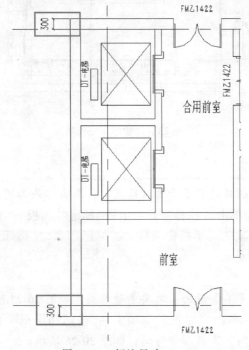

图 20-21　标注尺寸（一）

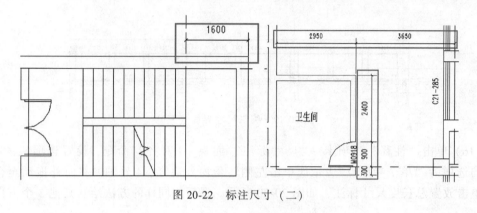

图 20-22　标注尺寸（二）

（18）尺寸标注完成之后如图 20-23 所示。

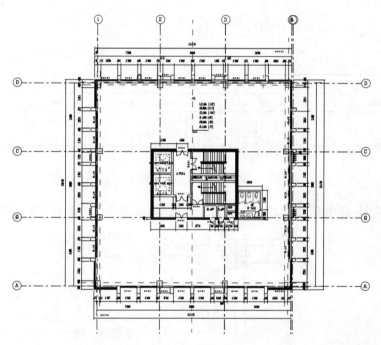

图 20-23　尺寸标注完成效果

【提示】

本案例尺寸标注的绘制目的在于示意性地教学，与实际施工图有所出入，仅作参考。

（19）添加门窗标记。单击"注释"选项卡→"标记"面板→"全部标记"命令，在弹出的"标记所有未标记的对象"对话框中选择"窗标记"和"门标记"，如图 20-24 所示，单击"确定"按钮完成门窗标记。

【提示】

对于个别门窗标记位置不合适的，需要手动调整，如图 20-25 所示。

（20）添加房间标记。单击"建筑"选项卡→"房间和面积"面板→"房间"命令，依次单击该楼层各个封闭空间，为其添加房间，如图 20-26 所示。

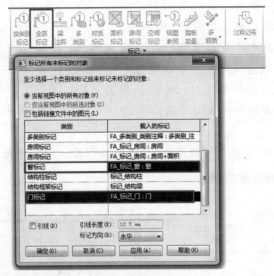

图 20-24　标记门窗

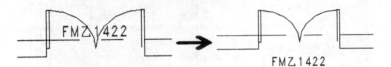

图 20-25　调整标记位置

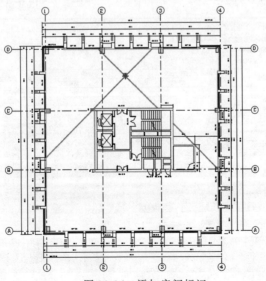

图 20-26　添加房间标记

（21）放置房间时，系统默认放置时自动标记，在属性栏中选择需要用的标记族，如图 20-27 所示。

（22）房间放置完成之后，需要修改各个房间的名称。例如，单击办公区域选择房间，修改属性栏中"名称"的值为"办公"，标高按如图 20-28 所示设置。同理，将其他房间名称及限制条件依次设置。

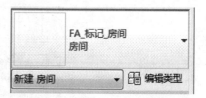

图 20-27　选择合适房间类型

【提示】

只有完成了前面"16.5 节房间的定制"，放置房间后，才能完成房间标记步骤。

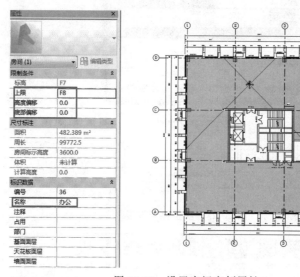

图 20-28　设置房间实例属性

（23）在选择房间时，可以按"VV"键打开可见性对话框，在"模型类别"中勾选房间列表下面的"参照"，如图 20-29 所示。单击"确定"按钮之后，平面中各个房间就

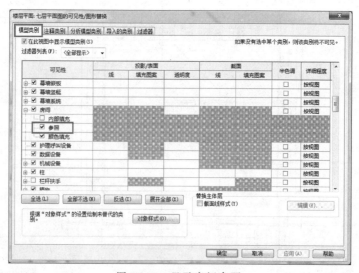

图 20-29　显示房间参照

会如图 20-30 所示，"参照"显示出来可方便选择房间。当然，房间设置完成之后，需要将参照关闭。

（24）结构构件的填充。将视图的详细程度设置为粗略，如图 20-31 所示。

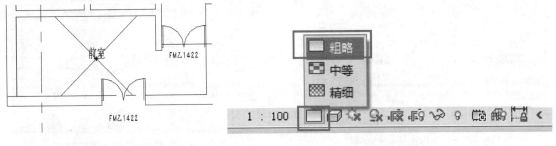

图 20-30　房间参照线　　　　　　　　　　　　　　图 20-31　详细程度设置

（25）选中"剪力墙−300 厚"，打开"剪力墙−300 厚"的类型属性对话框，如图 20-32 所示，编辑该类型墙体的"粗略比例填充样式"和"粗略比例填充颜色"。首先打开填充样式对话框，选择"实体填充"，其次将粗略比例填充颜色设置为黑色，如图 20-32 和图 20-33 所示。

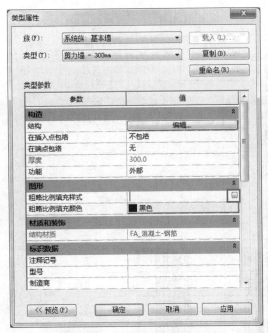

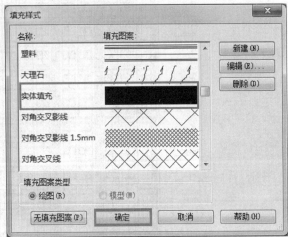

图 20-32　粗略比例填充样式　　　　　　　　　　图 20-33　选择实体填充

（26）结构墙体设置完成后，打开七层平面图的可见性对话框，在模型类别中找到结构柱，对其截面填充图案做如图 20-34 所示设置。

（27）完成后对结构柱"投影/表面"的填充图案做相同的设置，如图 20-35 所示。此时视图中结构构件会以黑色的实体填充图案显示。

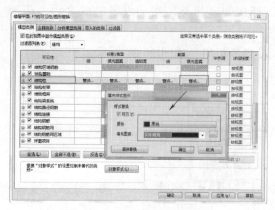
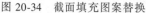

图 20-34　截面填充图案替换

图 20-35　投影/表面填充图案替换

20.2　立面图

（1）双击进入南立面视图，将标高标头拖动到如图 20-36 所示的位置，使视图中模型位置适中。

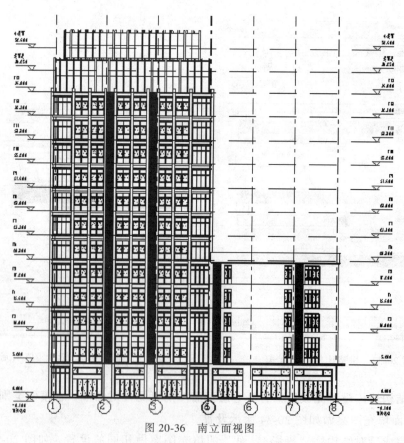

图 20-36　南立面视图

（2）打开南立面可见性对话框，取消勾选模型类别中的"地形"及注释类别中的"参照平面"，如图 20-37 和图 20-38 所示。

图 20-37　隐藏"地形"

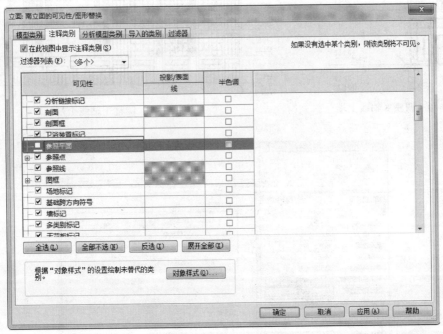

图 20-38　隐藏"参照平面"

（3）选择 2~7 轴，单击"修改轴网"上下文选项卡→"隐藏"按钮一侧的三角符号，在下拉菜单中单击"隐藏图元"命令，如图 20-39 所示。

（4）选取 8 轴，取消其上端的轴头显示控制的复选框，同时，勾选当前轴下端轴头显示控制的复选框，将轴网上端往下拉，使最高点在模型最高点下方，如图 20-40 所示。完成后，选择 1 轴，执行相同操作，如图 20-41 所示。

（5）选择左侧属性栏中"图形显示选项"进行编辑，在弹出的对话框中修改样式为"着色"模式，勾选"显示边"，设置轮廓样式为"06_ 实线_ 黑"，单击"确定"按钮，完成显示设置，如图 20-42 所示。

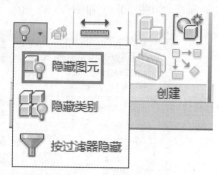

图 20-39　隐藏 2~7 轴线

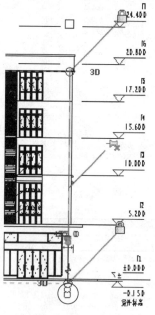

图 20-40　调整 8 轴线上端

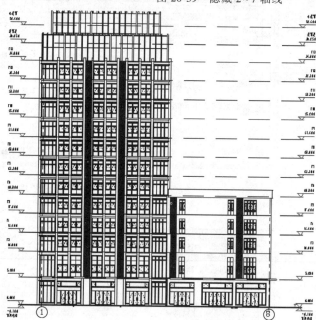

图 20-41　调整 1 轴线上端

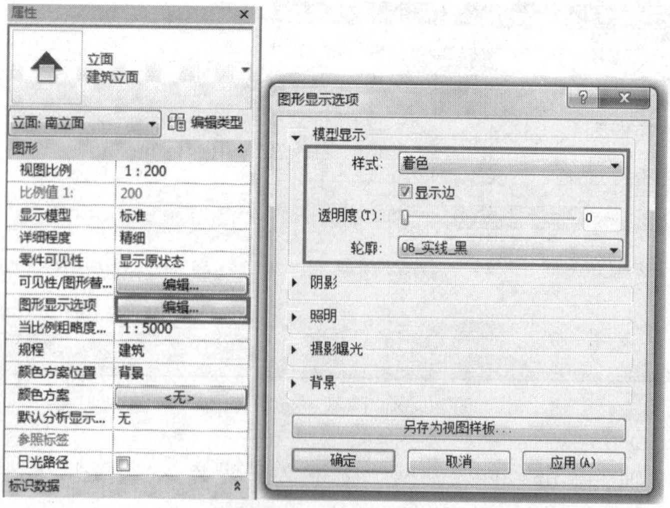

图 20-42　图形显示选项

　　（6）单击"注释"选项卡→"尺寸标注"面板→"对齐"命令，添加建筑总高度及层高尺寸，效果如图 20-43 所示。

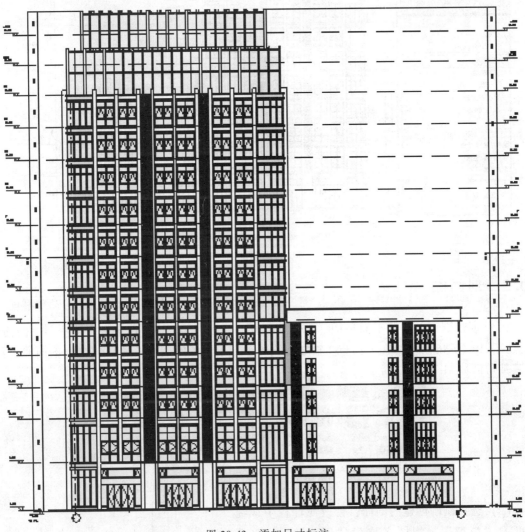

图 20-43　添加尺寸标注

　　（7）单击"注释"选项卡→"详图"面板→"区域"下拉列表→"填充区域"工具，用矩形绘制方式在如图 20-44 所示位置绘制填充区域，单击 ✔ 完成绘制。然后选择填充区域，在属性栏类型选择器中选择"填充区域-纯黑色"，如图 20-45 所示。

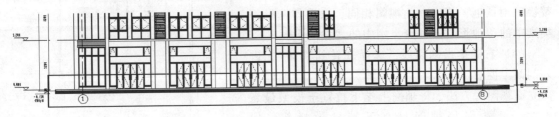

图 20-44　绘制填充区域

图 20-45　选择填充区域：纯黑色

20.3　剖面图

（1）创建剖面。打开平面视图"F7"，单击"视图"选项卡→"创建"面板→"剖面"工具，如图 20-46 所示，在 1 轴与 2 轴之间绘制平行于 1 轴的剖面，选择创建的剖面线，拖动其裁剪区域如图 20-47 所示。

图 20-46　"剖面"命令

（2）选择刚刚创建的剖面，修改属性栏中详细程度为"精细"，视图名称为"剖面 1"，取消"裁剪区域可见"的复选框，单击"确定"按钮完成修改，如图 20-48 所示。

（3）选择剖切线，在属性栏中单击"可见性/图形替换"的"编辑"按钮，打开"可见性/图形替换"对话框，与南立面视图相同，取消勾选模型类别中的"地形"及注释类别中的"参照平面"。

（4）右键单击剖切线，选择"转到视图"，进入剖面 1 视图。将标高"小屋面"隐藏，参照处理南立面视图的方法，将轴网上端下拉置于模型最高点之下，并保证轴网只有下端显示标头，如图 20-49所示。

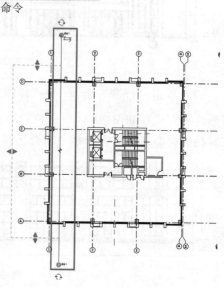

图 20-47　放置剖面标记

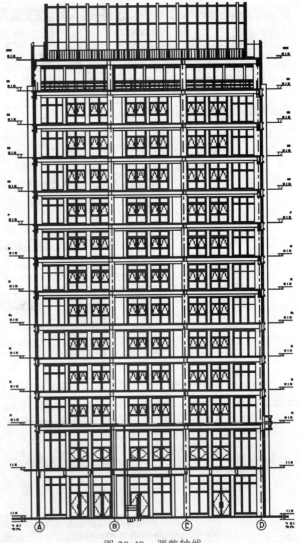

图 20-48　修改剖面属性　　　　图 20-49　调整轴线

（5）如图 20-50 所示，模型的梁与楼板有重叠部分。针对这种情况，可以通过"连接"命令进行完善。选择修改面板下的"连接几何图形"，如图 20-51 所示。选择梁与楼板，连接之后模型效果如图 20-52 所示。同理，将剖面中所有梁与板搭接处进行连接处理。

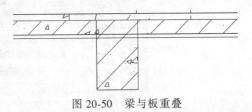

图 20-50　梁与板重叠

（6）打开剖面 1 的"可见性对话框"，进入可见性编辑菜单，将楼板和结构框架的"截面-填充图案"改为"黑色-实体填充"，如图 20-53 所示。

（7）在可见性对话框中，勾选"截面线样式"，单击"编辑"按钮，如图 20-54 所示。

（8）在弹出的对话框中进行设置，单击两次"确定"按钮完成设置，如图 20-55 所示。

（9）单击"注释"选项卡→"尺寸标注"面板→"对齐"命令添加建筑总高度及层高尺寸，完成剖面图的制作，如图 20-56 所示。后期可再细化尺寸标注和部分边梁的表达。

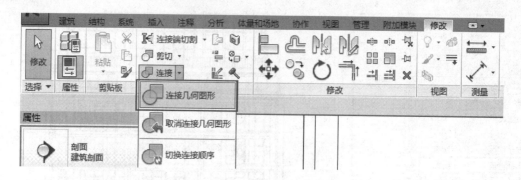

图 20-51　选择连接几何图形

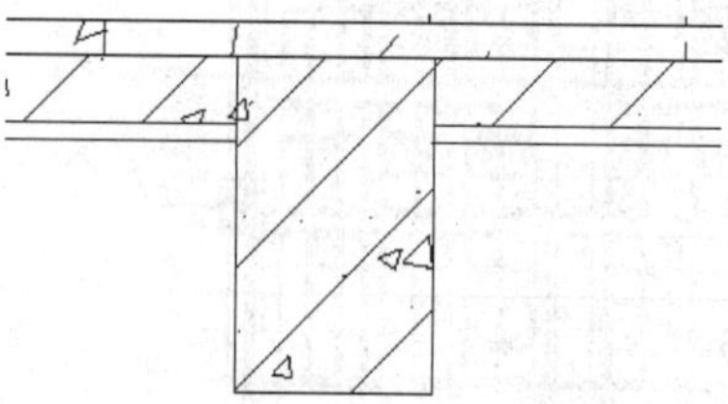

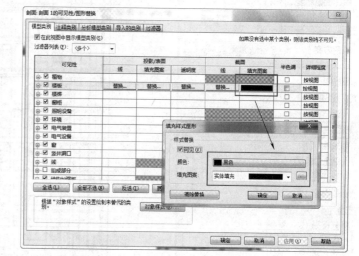

图 20-52　连接效果

图 20-53　截面填充图案替换

图 20-54　编辑截面线样式

图 20-55　主体层线样式

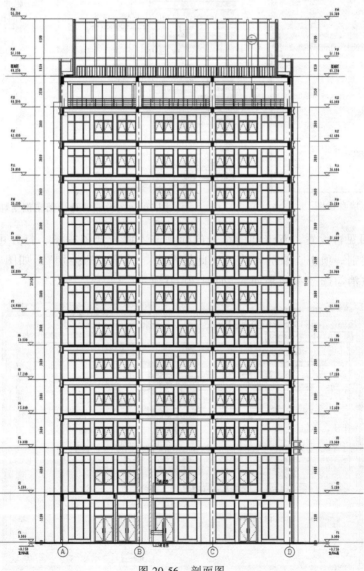

图 20-56　剖面图

20.4　墙身详图

（1）创建墙身详图。双击进入首层建筑平面图，单击"视图"选项卡→"剖面"，在属性面板中选择"墙身详图"，如图 20-57 所示。

（2）按照图 20-58 所示位置添加墙身详图，选中墙身详图，修改属性栏中"视图比例"为 1:50，"详细程度"为"精细"，"视图名称"为"墙身详图"，取消勾选"裁剪视图""裁剪区域可见"的复选框，单击"应用"按钮完成修改。

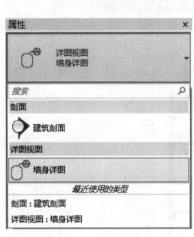

图 20-57　墙身详图

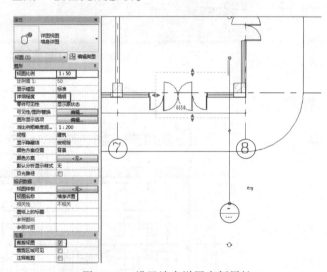

图 20-58　设置墙身详图实例属性

（3）视图可见性设置。双击详图符号的标头进入墙身详图视图，打开可见性设置对话框，在导入的类别一项中，取消勾选"在此视图中显示导入的类别"，如图 20-59 所示；在注释类别中，取消勾选"参照平面"，如图 20-60 所示。

图 20-59　隐藏导入的类别

图 20-60　隐藏"参照平面"

（4）标高轴网处理。选择标高 F6，取消勾选标高右边标头符号，并将 3D 改为 2D，如图 20-61 所示。同理，对 F6 以下的其他标高进行同样的操作，然后将室外标高至 F6 标高的标头向左拖动到左边外墙的左侧，最后如图 20-62 所示。

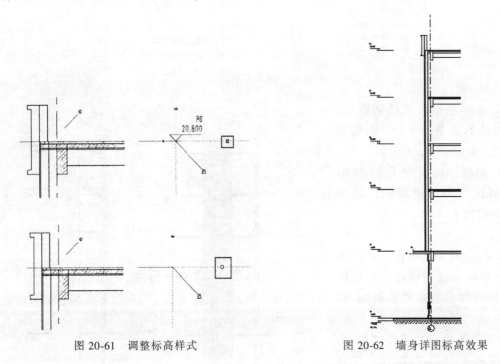

图 20-61　调整标高样式　　　　　　　　　图 20-62　墙身详图标高效果

（5）单击"注释"选项卡→"详图"面板→"构件"下拉列表→"重复详图构件"工具，在属性栏类型选择器中选择"重复详图-素土"，在如图 20-63 所示位置绘制素土层。

（6）添加剖断线。单击"注释"选项卡→"详图"面板→"构件"→"详图构件"工

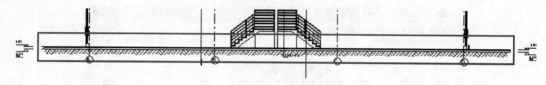

图 20-63　绘制素土层

具，选择"FA_ 剖断线"，在选项栏中勾选"放置后旋转"，然后在右侧中心位置放置，如图 20-64 所示。

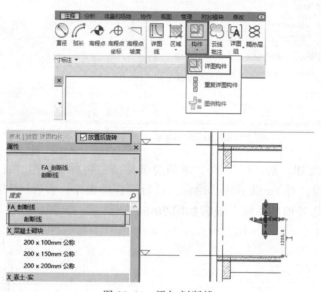

图 20-64　添加剖断线

（7）选择刚刚放置的剖断线，拖拽剖断线的造型操纵柄，调整到适合位置，如图 20-65 所示。

（8）同理，在墙身详图的墙身左下侧位置添加剖断线，调整剖断线的位置及大小，如图 20-66 所示。

（9）将所有与详图相关联的楼板与梁、墙体通过连接命令进行处理，F2 层处理前后效果如图 20-67 所示。

（10）墙体填充。选择"外墙-涂料-香槟色 – 225mm"墙体，打开"外墙-涂料-香槟色 – 225mm"的类型属性对话框，对其结构构造进行编辑，如图 20-68 所示。

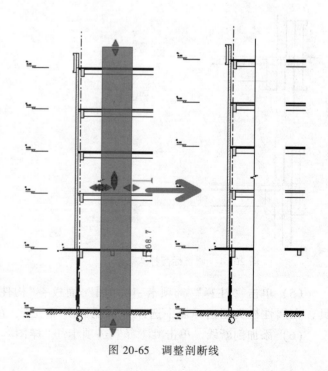

图 20-65　调整剖断线

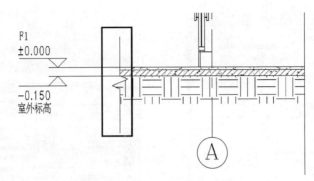

图 20-66　添加并调整剖断线

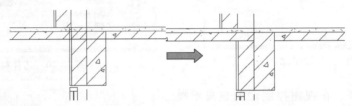

图 20-67　连接构件处理效果

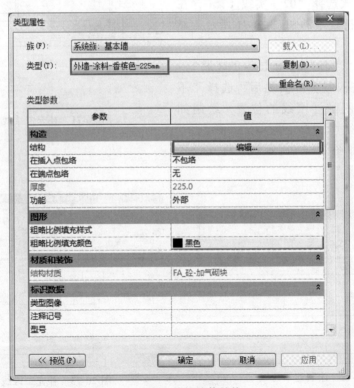

图 20-68　编辑墙体结构

（11）打开"编辑部件"对话框，编辑结构部分材质，如图 20-69 所示，将"FA_ 砼-加气砌块"的截面填充图案按照图 20-70 所示进行设置，完成后三次单击"确定"按钮完成设置。同理，对 3F~5F 的土建层进行同样的编辑。

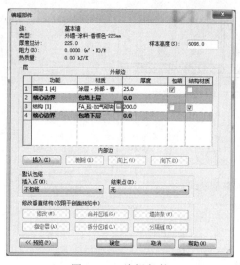

图 20-69　编辑部件

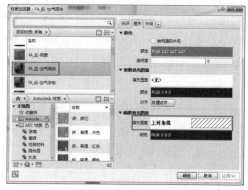

图 20-70　选择材质

（12）线处理。在视图控制栏调整显示模式为"精细"模式，单击"注释"选项卡→"详图线"，线样式选择"02_ 实线_ 黑"，在二层楼板左边出挑处绘制如图 20-71 所示蓝显线条。

（13）单击"注释"选项卡→"区域"→"遮罩区域"，进入编辑界面之后，选择"不可见线"，在刚刚画详图线的位置，绘制如图 20-72所示矩形。

（14）选择如图 20-73 所示线，将其设置为"02_ 实线_ 黑"。

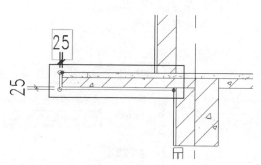

图 20-71　补充二维线（一）

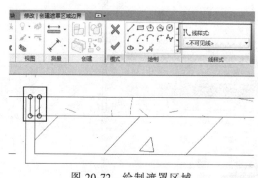

图 20-72　绘制遮罩区域

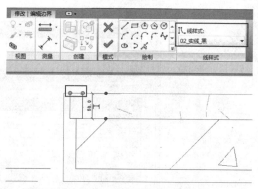

图 20-73　补充二维线（二）

（15）将遮罩区域矩形下边缘线长度修改为如图 20-74 所示位置，然后在图 20-75 所示位置绘制一根"02_ 实线_ 黑"实线。

（16）轮廓绘制完成之后，单击 ✔ 完成绘制，效果如图 20-76 所示。

图 20-74　调整线长度　　　　　图 20-75　修改线样式　　　　　图 20-76　绘制效果（一）

（17）在楼板下方的梁位置，同样用详图线绘制如图 20-77 所示形状。

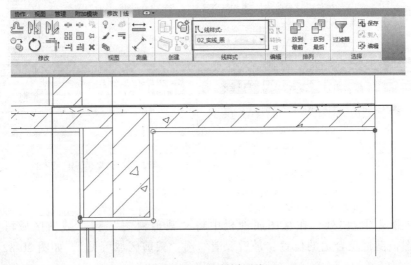

图 20-77　绘制详图线

（18）用上述所述遮罩方法处理如图 20-78 所示多余线，处理完成之后如图 20-79 所示。

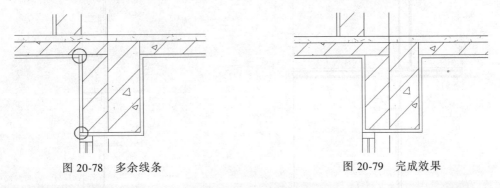

图 20-78　多余线条　　　　　　　　　　　　　图 20-79　完成效果

（19）隐藏 A 轴线，并打开可见性对话框，勾选"截面线样式"，单击右边的"编辑"按钮打开"主体层线样式"对话框，如图 20-80 所示进行设置。单击两次"确定"按钮，完成设置。

（20）按快捷键"TL"，关闭细线模式，效果如图 20-81 所示。原有图纸该部分构造尚未细化设计，本示例仅作软件操作效果展示，尚待进一步细化构造设计。

图 20-80　设置主体层线样式

（21）单击视图空白处，在视图属性栏中将"裁剪视图"和"裁剪区域可见"勾选，然后拖动视图裁剪框至合适的位置，最后取消勾选"裁剪区域可见"，如图 20-82 所示。

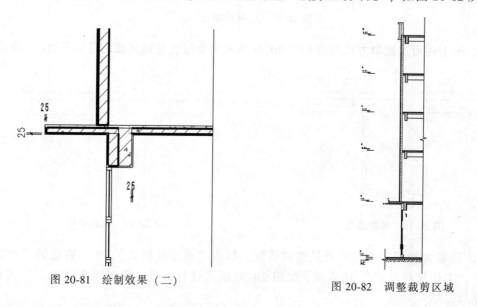

图 20-81　绘制效果（二）

图 20-82　调整裁剪区域

（22）屋顶构造处理。

说明：在 Revit 中绘制构造详图的方式有两种，一种是只建主体结构层，防水保温等屋面构造层不建模，通过在详图视图中用详图工具补充二维信息；另一种则是如实将细部构造模型建出来，然后修改视图样式和添加尺寸标注即可。实际上两者结合较好，简单的部分可以采用建模的方法，而复杂的地方则可以用详图工具补充表达绘制。下面以屋顶构造处理为例，用两种方法分别进行绘制。

方法一：用二维详图工具绘制。

（23）用详图线绘制如图 20-83 所示形状，详图线线型选择"02_ 实线_ 黑"。

（24）单击"注释"选项卡→"区域"→"填充区域"，填充类型选择"交叉线"，填充区域形状如图 20-84 所示，单击 ✔ 完成绘制。

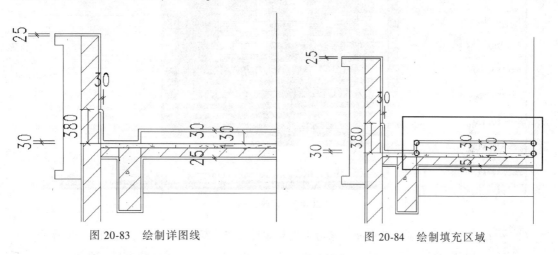

图 20-83　绘制详图线　　　　　　　　　图 20-84　绘制填充区域

（25）单击"注释"选项卡→"详图线"，线样式选择"02_ 虚线_ 灰"，绘制如图 20-85 所示两根线。完成之后如图 20-86 所示。

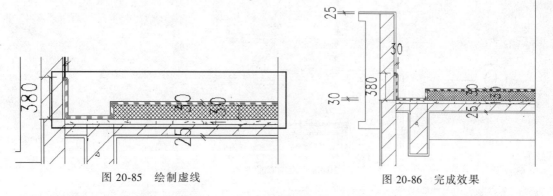

图 20-85　绘制虚线　　　　　　　　　　图 20-86　完成效果

可根据上面的方法，按屋面的实际构造继续绘制完善。

方法二：用 Revit 中的楼板工具，按照实际构造方法直接在模型上反映。

该屋顶长和宽分别为 25.4m 和 24.4m，比较方正，有多种排水方案选择，其中结构找坡方案比较经济，采用材料找坡也是可行的方案之一，项目采用了后面一种。以尽量遵照原有项目技术措施为原则，同时考虑材料找坡屋顶的详图绘制具有典型教学需要，以下采用了外圈不上人屋面向四面排水的方案作为示例。

（26）打开屋面层平面图，选中屋面层楼板，修改为"0+100"楼板，"自标高的高度偏移"为 0。如图 20-87 所示。

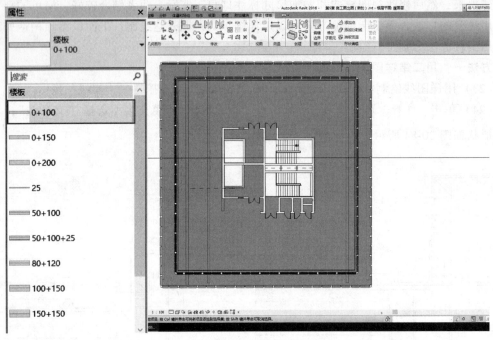

图 20-87　修改楼板

（27）在四个角落绘制参考平面，参考平面与玻璃幕墙边缘间隔为 100，如图 20-88 所示。

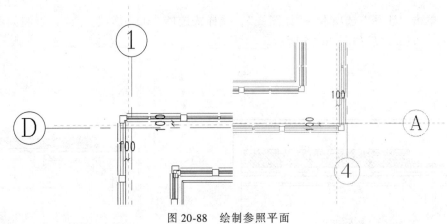

图 20-88　绘制参照平面

（28）绘制墙体："选择基本墙-100mm"，按照如图 20-89 所示修改墙体参数，沿着四个角落的参照平面画出一圈墙体，如图 20-90 所示。

（29）单击"建筑"选项卡→"构建"面板→"楼板"下拉列表→"楼板：建筑"工具，选择"常规-150mm"类型楼板，打开类型属性对话框，复制一个名称为"不上人屋面"的楼板，单击"结构"右边"编辑"按钮，进入"编辑部件"对话框，按如图 20-91 所示进行设置。

【提示】

注意勾选"衬底［2］"的"可变"选项，否则楼板将无法"修改子图元"，即无法设置材料找坡坡度。

图 20-89　设置墙体实例属性

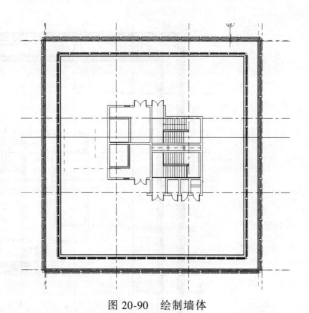

图 20-90　绘制墙体

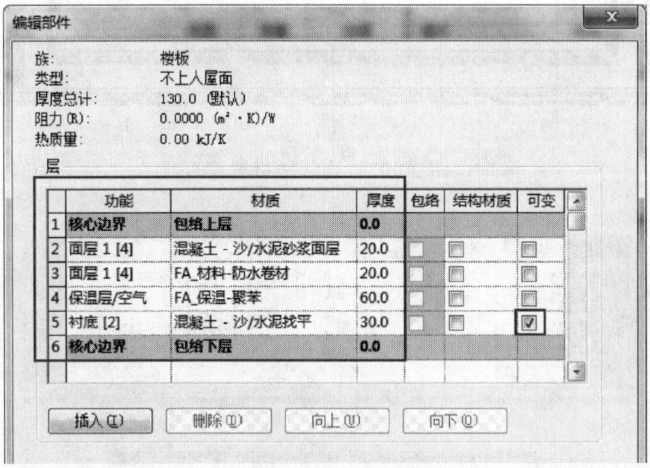

编辑部件

族:	楼板
类型:	不上人屋面
厚度总计:	130.0 (默认)
阻力(R):	0.0000 (m² · K)/W
热质量:	0.00 kJ/K

层

	功能	材质	厚度	包络	结构材质	可变
1	核心边界	包络上层	0.0			
2	面层 1 [4]	混凝土 - 沙/水泥砂浆面层	20.0	☐	☐	☐
3	面层 1 [4]	FA_材料-防水卷材	20.0	☐	☐	☐
4	保温层/空气	FA_保温-聚苯	60.0	☐	☐	☐
5	衬底 [2]	混凝土 - 沙/水泥找平	30.0	☐	☐	☑
6	核心边界	包络下层	0.0			

插入(I)　删除(D)　向上(U)　向下(O)

图 20-91　编辑楼板部件

　　（30）单击"楼板：建筑"工具，选择"不上人屋面"类型楼板，使用矩形绘制方式，沿着前面绘制的墙体的内边缘以及内圈幕墙的外边缘，绘制两圈矩形，如图 20-92 所示，单击✔，在弹出的对话框中选择"否"，完成楼板的绘制。

　　（31）选择刚绘制的楼板，单击"形状编辑"面板的"修改子图元"工具，如图 20-93 所示。然后将里面 4 个点的偏移值改为 25，如图 20-94 所示。按"Esc"键退出编辑。

　　（32）单击"视图"选项卡→"创建"面板→"剖面"工具，选择"墙身详图"类型，在如图 20-95 所示位置绘制详图索引符号。

　　（33）选择刚绘制的详图索引符号，在属性栏中按如图 20-96 所示进行设置。

　　（34）双击索引符号标头进入相应视图，通过拖动裁剪框将视图可见范围调整到合适位置，如图 20-97 所示。将标高、轴网、参照平面和一些不用显示的图元隐藏，如图 20-98 所示。

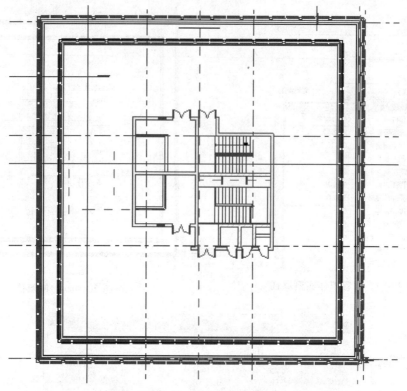

图 20-92　绘制楼板轮廓

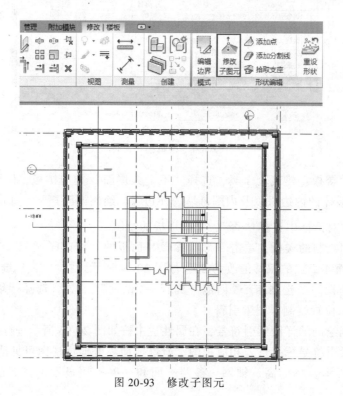

图 20-93　修改子图元

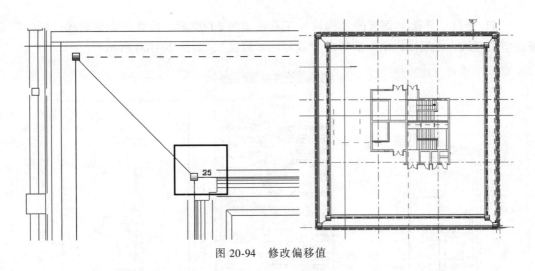

图 20-94　修改偏移值

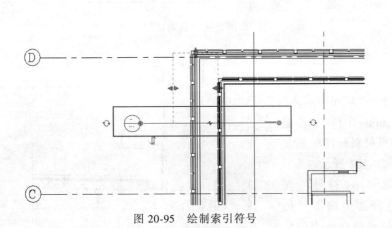

图 20-95　绘制索引符号

图 20-96　设置详图视图属性

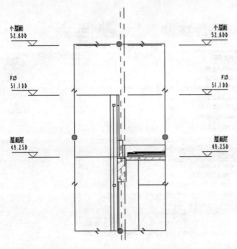

图 20-97　调整详图裁剪区域

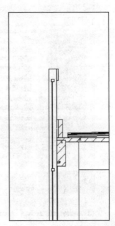

图 20-98　隐藏多余图元

（35）通过"详图"面板的"构件"工具在如图 20-99 所示位置添加剖断线。鼠标单击视图空白区域，在属性栏中取消勾选"裁剪区域可见"，如图 20-100 所示。

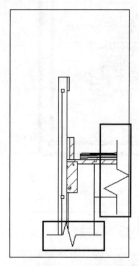

图 20-99　绘制剖断线

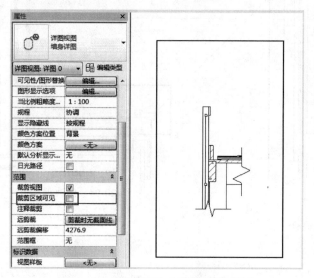

图 20-100　取消勾选"裁剪区域可见"

（36）通过"详图线"和"填充区域"工具绘制如图 20-101 所示形状。

（37）单击"插入"选项卡→"从库中载入"面板→"载入族"工具，在"china-注释-标记-建筑"文件夹中选择"标记_ 多重材料标注"族文件，单击"打开"按钮，如图 20-102 所示。

（38）单击"注释"选项卡→"符号"面板→"符号"工具，在类型选择器中选择"标记_ 多重材料标注-垂直下"符号，在适当位置放置符号，如图 20-103 所示。

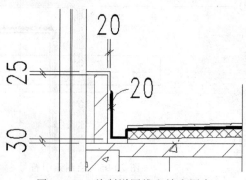

图 20-101　绘制详图线和填充图案

图 20-102　载入族

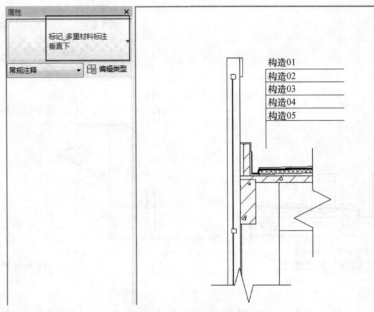

图 20-103　绘制多重标记注释

【提示】

如果多重材料标注符号的引出线不够长，可以通过详图线工具补全。

（39）选择多重材料标注符号，在属性栏中按如图 20-104 所示设置。设置完后单击"应用"按钮，结果如图 20-105 所示。

图 20-104　添加注释信息

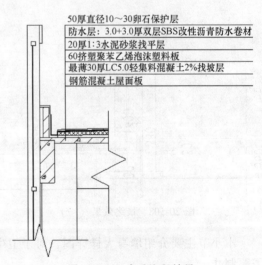

图 20-105　多重注释效果

（40）单击"注释"选项卡→"尺寸标注"面板→"高程点 坡度"工具，在属性栏中将"相对参照的偏移"设置为 0，在如图 20-106 所示位置进行标注。最后效果如图 20-107 所示。

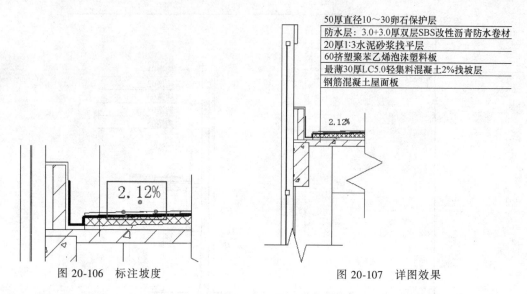

图 20-106　标注坡度　　　　　　　图 20-107　详图效果

【提示】

上述案例为了示范，暂时只做外围的不上人屋面构造建模，一些构造细节可根据需要进一步表达。上人屋面的建模方法与此相同，上人屋面构造做法可参照配套 CAD 文件 "ZHL-1 建筑统一设计说明、建筑统一构造选用表"。

（41）上述各处构造详图绘制完成后，即可添加尺寸标注。单击 "注释" 选项卡→ "对齐" 工具，对相应部位分别用尺寸标注进行定位。其中的两处屋顶构造处理结果如图 20-108 和图 20-109 所示。

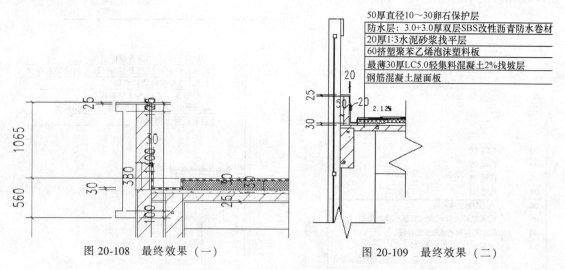

图 20-108　最终效果（一）　　　　　　图 20-109　最终效果（二）

本小节主要介绍墙身大样详图，对于卫生间等平面大样图的制作原理相同，可根据练习需要制作。

20.5　门窗表制作

（1）用图例生成门窗表。单击 "视图" 选项卡→ "创建" 面板→ "图例" 下拉列表→

"图例"，如图 20-110 所示。在"新图例视图"对话框中，输入图例视图的名称为"门窗表"，然后选择视图比例为 1∶50，单击"确定"按钮，如图 20-111 所示。

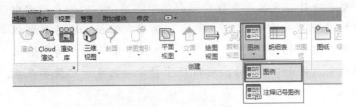

图 20-110　"图例"命令　　　　　　　　　　　　　图 20-111　名称和比例

（2）单击"注释"选项卡→"构件"下拉列表→"图例构件"，如图 20-112 所示。

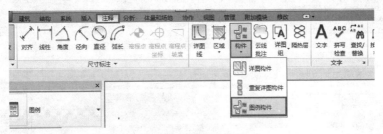

图 20-112　图例构件

（3）单击族选项下拉菜单，选择需要放置的门窗图例，选择"门联窗-三层十列：MLC74-445"如图 20-113 所示。

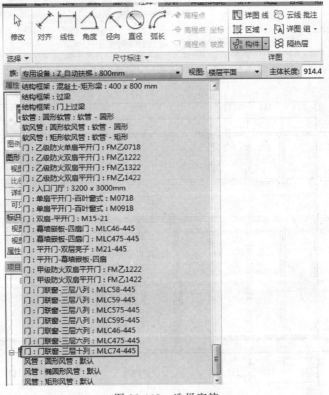

图 20-113　选择窗族

（4）设置选项栏的"视图"为"立面：前"，如图 20-114 所示。

【提示】

可以将模型族类型和注释族类型从项目浏览器中直接拖动到图例视图中。它们在视图中显示为视图专有的符号；某些符号比其他符号有更多的"视图"选项。例如，墙类型可以显示在楼层平面或剖面视图中。以墙为主体的图元（例如门）可以在平面和前立面和后立面中显示。如果要放置基于主体的符号（例如门或窗），则该符号将会与主体一起显示在视图中，并可以指定"主体长度"的值。

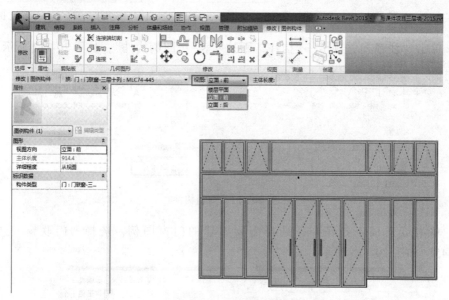

图 20-114　设置图例视图

（5）单击"注释"选项卡→"尺寸标注"面板→"对齐"工具，标注尺寸，如图 20-115 所示。

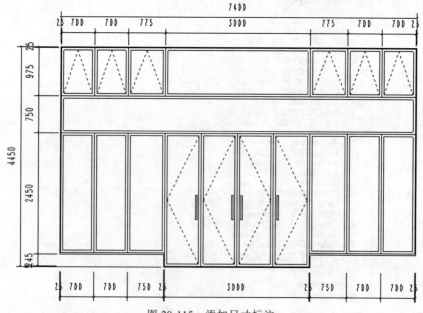

图 20-115　添加尺寸标注

（6）选中尺寸标注，拖动标注数字使其放在适当位置，然后在属性栏中取消勾选引线，如图 20-116 和图 20-117 所示。

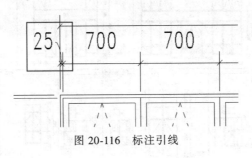

图 20-116　标注引线

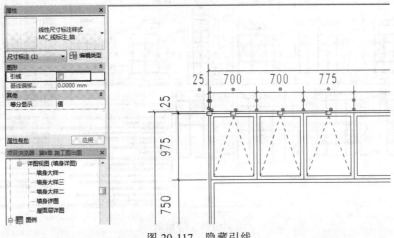

图 20-117　隐藏引线

（7）用同样的方法放置其他门窗图例，如图 20-118 所示。

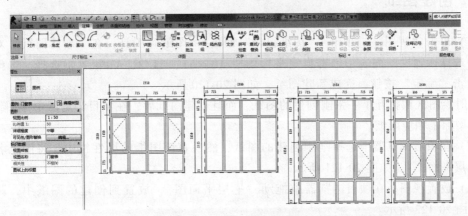

图 20-118　其他门窗图例

　　一般施工图的门窗表除了图例以外，还有门窗统计表，这部分可以从明细表中提取放入图纸；图例说明和门窗说明主要使用文字功能；为了规范美观而绘制的图例分块框线可考虑用详图线，如图 20-119 所示。

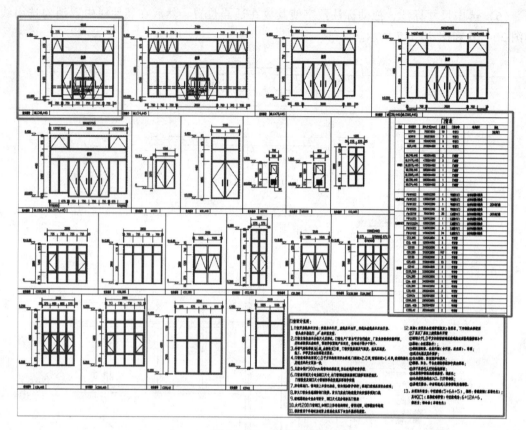

图 20-119　门窗表

20.6　创建图纸

（1）单击"视图"选项卡→"图纸组合"面板→"图纸"工具，在"新建图纸"对话框中的"选择标题栏"列表中已有自定义标题栏 A0、A1、A1/2、A1/4 可供选择。选择图签 A1，单击"确定"按钮，完成新建图纸，如图 20-120 所示。

此时绘图区域打开了一张刚创建的图纸，而且创建图纸后，在项目浏览器中"图纸"项下自动增加了相应图纸。

（2）在项目浏览器中选择刚刚创建的图纸，然后在该图纸的属性栏中，将图纸名称改为"七层平面图"，如图 20-121 所示。

（3）放置视图。在项目浏览器中拖动"七层平面图"，放置到创建的图纸中，调整位置，如图 20-122 所示。

（4）添加视图名称。系统默认模式下视图下方的视口为"有线条的标题"，选择此线条，将其修改为"MC-仅名称"，如图 20-123 所示。修改完成之后如图 20-124 所示。

（5）调整标题样式。选择刚才调整的视口，单击属性栏中的"编辑类型"，在类型属性对话框中可以看出，该视口的显示由注释族"FA_ 视图标题_ 名称"控制，如图 20-125 所示。

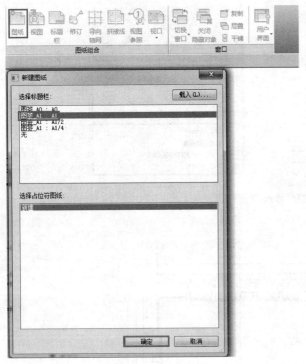

图 20-120 新建图纸

图 20-121 修改图纸名称

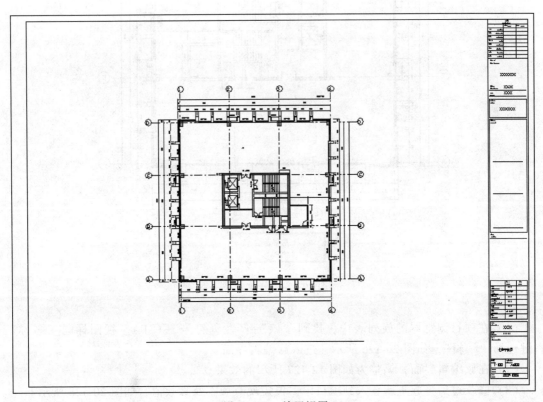

图 20-122 放置视图

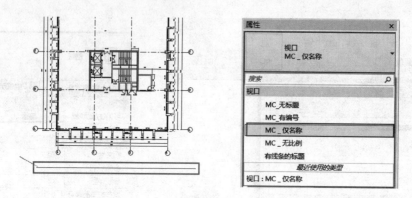

图 20-123　修改视图标题

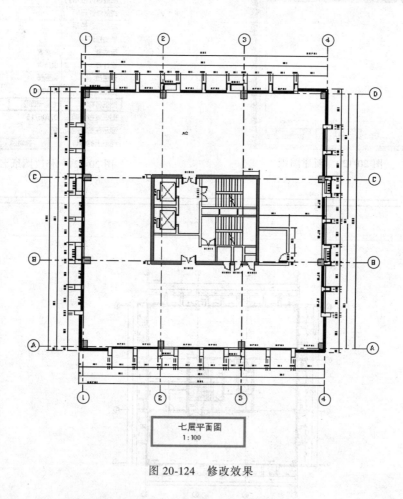

七层平面图
1:100

图 20-124　修改效果

（6）在项目浏览器的族列表中，找到"族"→"注释符号"→"FA_视图标题_名称"，右键选择"编辑"，如图 20-126 所示，进入族编辑界面。

（7）在族编辑界面，调整为如图 12-127 所示的效果。

（8）修改过后将族重新载入到项目中，覆盖现有版本及参数值，如图 20-128 所示。

（9）覆盖之后视口标题如图 20-129 所示。

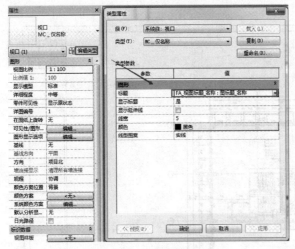

图 20-125　调整标题样式

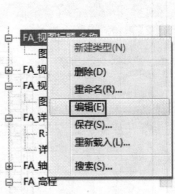

图 20-126　编辑族

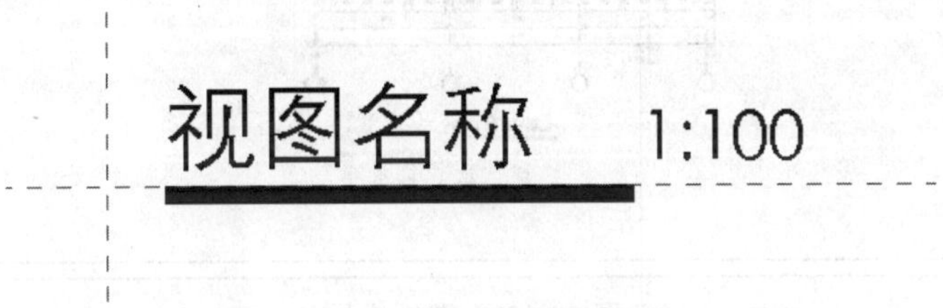

图 20-127　调整效果

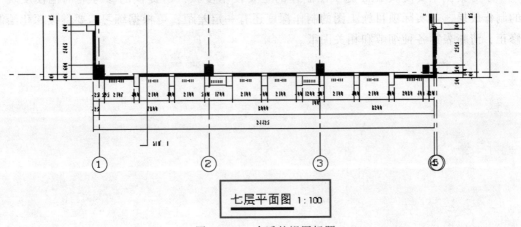

图 20-128　载入到项目

图 20-129　合适的视图标题

（10）最后图纸如图 20-130 所示。

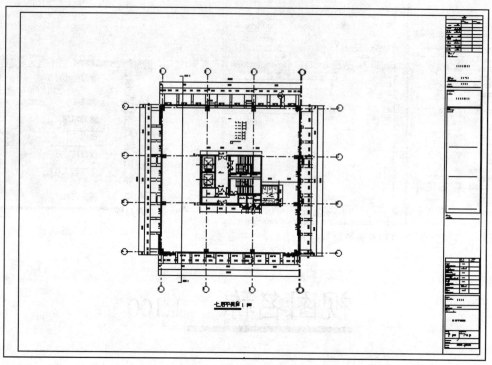

图 20-130　图纸成果

施工图的设计说明和材料做法表由于一般使用设计单位的规范化 CAD 样板，所以可直接使用 CAD 的图纸插入，也可以使用文字功能在 Revit 中编写或修改。

至此，本案例的主要技术点已全部介绍，包括：团队架构和前期准备、轴网标高、墙和幕墙、门窗、楼板、楼梯、尺寸和文字标注、房间面积、创建组、平立剖面的生成、视图出图样式的设置、大样详图、门窗表等。细节技术可翻查前面各节内容。

本案例第 17~18 章主要是按施工图要求的进一步模型制作，重点应该放在第 12~16 章和第 9 章，特别是第 20 章，包含了施工图出图的各种设置和图纸生成，应该重点练习。

本学习案例主要反映 BIM 施工图制作的主要技术步骤，所提供的参考案例也仅反映上面的制作成果，与实际项目施工图的制作深度还有一定差距，可根据练习需要继续深化绘制和修正，清晰表达各种细节和相关图纸。

参 考 文 献

[1] 中华人民共和国住房和城乡建设部，中华人民共和国国家质量监督检验检疫总局. 建筑信息模型应用统一标准：GB/T 51212—2016［S］. 北京：中国建筑工业出版社. 2017.

[2] 黄强. 论 BIM［M］. 北京：中国建筑工业出版社，2016.

[3] 许蓁. BIM 建筑模型创建与设计［M］. 西安：西安交通大学出版社，2017.

[4] 许蓁. BIM 应用·设计［M］. 上海：同济大学出版社，2016.

[5] 焦柯，杨远丰. BIM 结构设计方法与应用［M］. 北京：中国建筑工业出版社，2016.

[6] 应宇垦. 全国 BIM 技能实操系列教程 REVIT2015 初级［M］. 北京：中国电力出版社，2016.

[7] 廖小烽，王君峰. Revit2013/2014 建筑设计火星课堂［M］. 北京：人民邮电出版社，2014.

[8] 柏慕进业. Autodesk Revit Architecture 2016 官方标准教程［M］. 北京：电子工业出版社，2016.

[9] 马晓. BIM 设计项目样板设置指南——基于 REVIT 软件［M］. 北京：中国建筑工业出版社，2015.

[10] 欧特克软件中国有限公司构建开发组. Autodesk Revit MEP2012［M］. 上海：同济大学出版社，2012.

[11] ACAA 教育，肖春红. 2015 Autodesk Revit Architecture 中文版实操实练［M］. 北京：电子工业出版社，2016.

[12] 李云贵. 建筑工程施工 BIM 应用指南［M］. 北京：中国建筑工业出版社，2014.

[13] 王君峰，陈晓. Autodesk Revit 土建应用之入门篇［M］. 北京：中国水利水电出版社，2013.

[14] 秦军. Autodesk Revit Architecture 201x 建筑设计全攻略［M］. 北京：中国水利水电出版社，2010.

[15] 杨远丰. BIM 软件中构件与其附着层的关系探讨［J］. 土木建筑工程信息技术，2013，5（3）：57-62.

[16] 张德海，韩进宇，赵海南等. BIM 环境下如何实现高效的建筑协同设计［J］. 土木工程信息技术，2013，5（6）：43-47.

[17] 段创峰. BIM 技术在预制装配式建筑中的应用［J］. 住宅产业，2015（9）：21-24.

教材使用调查问卷

尊敬的教师:

    您好! 欢迎您使用机械工业出版社出版的教材, 为了进一步提高我社教材的出版质量, 更好地为我国教育发展服务, 欢迎您对我社的教材多提宝贵的意见和建议。敬请您留下您的联系方式, 我们将向您提供周到的服务, 向您赠阅我们最新出版的教学用书、电子教案及相关图书资料。

    本调查问卷复印有限, 请您通过以下方式返回:

邮寄: 北京市西城区百万庄大街 22 号机械工业出版社建筑分社 (100037)
      张荣荣 (收)

传真: 010-68994437 (张荣荣收)   Email: 54829403@ qq. com

一、基本信息

姓名: _____ 职称: _____ 职务: _____

所在单位: _____

任教课程: _____

邮编: _____ 地址: _____

电话: _____ 电子邮件: _____

二、关于教材

1. 贵校开设土建类哪些专业?

□建筑工程技术   □建筑装饰工程技术   □工程监理   □工程造价

□房地产经营与估价   □物业管理   □市政工程   □园林景观

2. 您使用的教学手段: □传统板书 □多媒体教学 □网络教学

3. 您认为还应开发哪些教材或教辅用书? _____

4. 您是否愿意参与教材编写? 希望参与哪些教材的编写?

    课程名称: _____

    形式: □纸质教材   □实训教材 (习题集)   □多媒体课件

5. 您选用教材比较看重以下哪些内容?

□作者背景   □教材内容及形式   □有案例教学   □配有多媒体课件

□其他_____

三、您对本书的意见和建议 (欢迎您指出本书的疏误之处) _____

_____

_____

四、您对我们的其他意见和建议_____

_____

_____

请与我们联系:

100037   北京百万庄大街 22 号

机械工业出版社·建筑分社   张荣荣   收

Tel: 010-88379777 (O), 68994437 (Fax)

Email: 54829403@ qq. com

http://www.cmpedu.com (机械工业出版社·教育服务网)

http://www.cmpbook.com (机械工业出版社·门户网)

http://www.golden-book.com (中国科技金书网·机械工业出版社旗下网站)